THiNKr
新思

U0258270

新 一 代 人 的 思 想

从美索不达米亚到
人工智能时代

算法简史

POEMS THAT
SOLVE PUZZLES

The History
and Science of Algorithms

CHRIS BLEAKLEY　[英]克里斯·布利克利　著　张今　译

中信出版集团 | 北京

图书在版编目（CIP）数据

算法简史：从美索不达米亚到人工智能时代 /（英）
克里斯·布利克利著；张今译 . -- 北京：中信出版社，
2024.9（2025.1重印）
书名原文：Poems That Solve Puzzles: The
History and Science of Algorithms
ISBN 978-7-5217-6543-4

I. ①算… II. ①克… ②张… III. ①算法－数学史
IV. ① O24

中国国家版本馆 CIP 数据核字（2024）第 086614 号

算法简史：从美索不达米亚到人工智能时代
著者： [英] 克里斯·布利克利
译者： 张今
出版发行：中信出版集团股份有限公司
（北京市朝阳区东三环北路 27 号嘉铭中心　邮编　100020）
承印者： 北京通州皇家印刷厂

开本：880mm×1230mm　1/32　　印张：9.5　　　字数：254 千字
版次：2024 年 9 月第 1 版　　　印次：2025 年 1 月第 2 次印刷
京权图字：01-2024-2326
书号：ISBN 978-7-5217-6543-4
定价：58.00 元

献给艾琳，谢谢你

算法（algorithm）

名词。在计算或其他解决问题的操作中所要遵循的处理过程或一组规则，特别是指计算机的计算过程或规则。

该词起源于阿拉伯语 al-Kwārizmī，意为"来自花剌子模（现称'希瓦'）的人"，是一位9世纪数学家的名字，其全名是阿布·贾法尔·穆罕默德·伊本·穆萨（Abū Ja'far Muhammad ibn Mūsa）。他所著的代数和算术著作被广泛翻译。

《牛津英语词典》，2010 年

前　言

　　这本书是写给知道算法很重要但不知道算法究竟是什么的读者的。

　　我在担任都柏林大学计算机科学学院外联主任时获得了写这本书的灵感。在与家长和中学生的数百次讨论中，我意识到大多数人都听说过算法，这要归功于媒体对谷歌、脸书和剑桥分析公司的广泛报道。然而，很少有人知道算法是什么、算法如何运作或是算法从何而来。本书回答了这些问题。

　　本书是面向普通读者的，阅读之前不需要具备算法或计算机知识。然而我相信，即使是拥有计算机学位的读者也会发现书里的故事令人惊奇、趣味横生且能够启发思考。对算法有深刻理解的读者可以跳过前言部分。我的目标是让读者享受阅读本书的过程，并从中学到一些新东西。

　　书中所描述的各个事件中有许多参与者，但我并没有提及所有人的名字，对此我表示抱歉。几乎每一项创新都是建立在前人发现的基础上、由团队合作完成的产物。为了使这本书成为一个具有可读性的故事，我倾向于把关注点放在少数关键人物上。如果想要了解更多细节，我建议有兴趣的读者参阅本书参考文献部分列出的内容。

　　追求完整性是枯燥沉闷的，于是在某些地方我更倾向于写一个好故事。如果你最喜欢的算法不在此列，请告知我，我可能会把它放进未来的版本中。当描述一个算法能做什么的时候，我使用现在时态，即使是在讲古老的算法，也是如此。所有金额的币种均为美元。

我非常感谢那些慷慨地允许我使用他们的照片和语录的人。我还要感谢在本书创作过程中给予我帮助的人们：我的第一位编辑约恩·布利克利（Eoin Bleakley）、我的导师迈克尔·谢里登（Michael Sheridan，作家）、我出色的经纪人伊莎贝尔·阿瑟顿（Isabel Atherton）、我的参考文献管理员康纳·布利克利（Conor Bleakley）、我永远耐心的助理编辑凯瑟琳·沃德（Katherine Ward）、牛津大学出版社的所有工作人员、我的审稿人盖诺莱·西尔韦斯特（Guénolé Silvestre）和帕德雷格·坎宁安（Pádraig Cunningham），最后特别感谢我的父母和我的妻子。没有他们的帮助，就不可能有这本书。

继续阅读并享受这个过程吧！

克里斯

关于作者

克里斯·布利克利（Chris Bleakley）在算法设计领域有 35 年的经验。在过去的 16 年里，他一直在这个领域授课和写作。

克里斯还是个学龄儿童时，就在家中的计算机上自学了编程。不到两年，他就通过邮购的方式把自己的计算机程序卖给了全英国的客户。

克里斯毕业于贝尔法斯特女王大学，获得计算机科学荣誉学士学位，后来又获得都柏林城市大学电子工程博士学位。大学毕业后，他成为埃森哲公司的一名软件顾问，后来又做过博通爱尔兰研究公司的高级研究员。此后，他被任命为马萨纳（Massana）的工程副总裁，这是一家开发数据通信集成电路和软件的领先初创公司。

如今，克里斯是爱尔兰都柏林大学计算机科学学院教授，他还曾经担任过该院的院长。他领导着一个研究组，致力于发明能够分析现实世界中传感器数据的新算法。他的研究成果发表在领先的同行评议期刊上，他也会在重要国际会议上做报告。

克里斯与他的妻子和两个孩子在都柏林生活。

目　录

引 言

　　"一颗给你。一颗给我。一颗给你。一颗给我。"你正在校园里。此时阳光明媚，你和你最好的朋友分一袋糖。"一颗给你。一颗给我。"你当时没有意识到，以这种方式分糖，就是在实施一种算法。

　　算法是一系列可以用来解决信息问题的步骤。[1]在这阳光明媚的一天，你用一种算法公平地分享你的糖。这个算法输入的是袋中糖的数量，输出的是你和你朋友各自得到的糖的数量。如果袋子里的糖的总数恰好是偶数，那么你们俩得到的糖数量相同。如果总数是奇数，那么你的朋友最后会比你多得到一颗。

　　算法就像菜谱。它是一系列简单步骤的列表，如果遵循这些步骤，就可以将一组输入转换为所需要的输出。不同之处在于，算法处理的是信息，而食谱应对的是食物。通常，一个算法是在代表信息的物理量中运行的。

　　对于解决给定的问题，常常有多个算法可以选择。你还可以数出糖的总数，用心算把总数除以 2，然后分出正确的糖的数量来分享糖。结果是一样的，但是用到的算法，即获得输出的方法是不同的。[2]

　　一个算法可以写成一个指令列表。大多数情况下，这些指令是按顺序依次执行的。偶尔的情况下，下一条要执行的指令并不是下一个顺序步骤，而是列表中其他地方的一条指令。例如，某个指令可能要求算法执行人返回到前面的步骤,并从那里继续往下执行。像这样向后跳转,从而允许重复执行一组步骤,这是许多算法中的一个强大特性。"一颗给你。一颗给我。"这一组步骤在分享糖的算法中反复出现。重复步骤的操作被称为**迭代**(iteration)。

如果袋子中的糖数量是偶数,则下面的迭代算法就够用了:

> 重复以下步骤:
>> 给你的朋友一颗糖。
>> 给你自己一颗糖。
> 当袋子变空时,停止重复。

在算法的呈现中,比如上面这个算法,为了清晰起见,步骤通常写成一行一行的样式。通常用缩进来将相互关联的步骤进行分组。

如果袋子中糖的数量可能是偶数也可能是奇数,算法就会变得稍微复杂一些。里面必须包含一个决策步骤。大多数算法都包含决策步骤,决策步骤要求算法执行者在两种可能的行动方案中做出选择。要执行哪个行动方案取决于一个**条件**(condition)。一个条件就是一个命题,这个命题要么为真,要么为假。最常见的决策构造——"如果–那么–否则"(if-then-else)——结合了一个条件和两个可能的行动方案。"如果"条件为真,"那么"就执行紧随其后的一个或多个步骤。"如果"条件为假,就执行"否则"之后的一个或多个步骤。

考虑到糖数量为奇数的可能性,必须在算法中加入以下决策步骤:

> 如果这是第一颗糖,或者你刚刚已经分到一颗糖,
> 那么就把这颗糖给你的朋友,
> 否则就把这颗糖给你自己。

这里的条件是**复合条件**（compound condition），意思是它由两个（或多个）简单条件组成。简单条件分别是"这是第一颗糖"和"你刚刚已经分到一颗糖"。这两个简单条件由一个"或"运算联结在一起。如果其中任何一个简单条件为真，则复合条件为真。在复合条件为真的情况下，就完成"把这颗糖给你的朋友"这一步。否则，就执行"把这颗糖给你自己"这一步。

完整的算法如下：

> 以一袋糖作为输入。
> 重复以下步骤：
>> 从袋子里拿出一颗糖。
>> 如果这是第一颗糖，或者你刚刚已经分到一颗糖，
>> 那么就把这颗糖给你的朋友，
>> 否则就把这颗糖给你自己。
> 当袋子变空时，停止重复。
> 把空袋子丢进垃圾桶。
> 现在糖就被公平地分掉了。

这是一个整洁并能以高效方式实现目标的算法，所有好的算法都是这样。

实习图书管理员

信息问题每天都会浮现。想象一下一个实习图书管理员第一天上班的情景。1 000 本崭新的书刚刚送到，就躺在地上的盒子里。老板希望这些书能尽快按照作者姓名的字母顺序被摆放在书架上。这是一个信息

问题，有算法可以解决它。

大多数人会凭直觉使用一种叫作插入排序（Insertion Sort）的算法（图 I.1）。插入排序的运行方式如下：

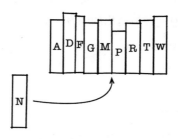

图 I.1　插入排序的执行

以一摞未排序的书作为输入。

重复以下步骤：

　　拿起一本书。

　　读一下作者的名字。

　　在书架上扫视一圈，直到找到该把书插进去的地方。

　　把插入点后面的所有书都挪后一格。

　　插入新书。

当地板上没有书时，停止重复。

这些书现在就排序完成了。[3]

在这期间任何时刻，地板上的书都是未排序好的。书一本接一本地被转移到书架上。每本书都是按字母顺序放进书架的。因此，书架上的书总是井然有序。

插入排序很容易理解和操作，但速度很慢。之所以速度慢，是因为每从地板上拿一本书，图书管理员都要扫视或挪动已经在书架上的书。

刚开始的时候，书架上的书很少，所以扫视和挪动的速度很快。最终，这位图书管理员负责的书架上会有近 1 000 本书。平均而言，将一本书放进正确的位置需要 500 次**操作**（operation），操作内容是比对作者的名字或者挪书。因此，对所有的书进行排序平均需要 50 万（1 000 × 500）次操作。假设单次操作需要 1 秒钟。在这种情况下，使用插入排序将需要花费大约 17 个工作日。老板会不高兴的。

1962 年，计算机科学家托尼·霍尔（Tony Hoare）发明了一种更快的算法——快速排序（Quicksort）。1938 年，霍尔出生于斯里兰卡，父母是英国人。他在英国接受教育，就读于牛津大学，后来以讲师身份进入学术界。他的排序方法属于分治（divide-and-conquer）算法。快速排序比插入排序要复杂得多，但是顾名思义，它也要快得多。

快速排序（图 I.2）先将这堆书分拆成两摞书。分拆是由一个**分区点字母**（pivot letter）决定的。若书的作者姓名字母顺序在分区点字母之前，则把书放在当前这一摞左边新的一摞里。若书的作者姓名字母顺序在分区点字母之后，则放进右边的一摞。然后，得到的两摞书进一步使用新的分区点字母进行分拆。这样一来，这些书摞就按字母顺序排列好了。最左边的一摞书是作者姓名字母在字母表中排第一位的书。其后一摞是排在第二位的书，以此类推。对于最大的一摞，重复这个分拆过程，直到这最大的一摞只包含 5 本书。然后使用插入排序对这些摞分别排序。最后，把排序好的这些摞书按顺序依次转移到书架上。

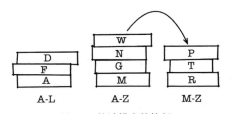

图 I.2　快速排序的执行

为了达到最快速度，所选的分区点字母应该能把一摞书对半分拆。

假设最开始的一摞包含作者姓名字母从 A 到 Z 的书。第一个分区点的最佳选择可能是 M。这样便可以分拆出两摞书：A—L 摞和 M—Z 摞（图 I.2）。如果 A—L 摞比较大，接下来再次分拆。A—L 的一个不错的分区点可能是 F。在这次分拆之后，将会得到三摞书：A—E 摞、F—L 摞和 M—Z 摞。接下来分拆 M—Z 摞，以此类推。如果有 20 本书，最后分拆的结果可能是：A—C 摞、D—E 摞、F—L 摞、M—R 摞和 S—Z 摞。这些摞再各自用插入排序分别排序，然后一摞接一摞地转移到书架上。

可以这样写出完整的快速排序算法：

以一摞未排序的书作为输入。
重复以下步骤：
选择最厚的一摞书。
为两边的书摞留出空间。
选择一个分区点字母。
重复以下步骤：
从选定的那一摞书中取出一本书。
如果书的作者姓名字母顺序在分区点字母之前，
那么把书放在左边的一摞里，
否则就把书放进右边的一摞里。
当选定的那一摞变空时，停止重复。
当最厚的一摞只有 5 本书或更少时停止重复。
使用插入排序将每一摞书分别排序。
把这些书摞依次放到书架上。
这些书现在就排序完成了。

快速排序使用了两个重复的步骤序列，或称**循环**（loop），其中一个循环放进了另一个循环之中。外层重复步骤组处理所有的书摞，内层组则处理单个书摞。

对于处理大量的图书，快速排序要比插入排序快得多。这里面的秘诀在于，分拆单个书摞的速度很快。每本书只需要与分区点字母进行比较。对其他书不需要做任何操作——既不需要比较作者的名字，也不需要挪动书。在快速排序之后进行插入排序是高效的，因为每个书摞已经变得很小。对 1 000 本书进行排序，采用快速排序只需要大约 10 000 次操作就可以达成。操作的确切次数取决于分区点将书摞对半分的精确程度。按每次操作用时 1 秒钟计算，完成这项工作只需要不到 3 个小时——相比于 17 个工作日，这是一个很大的改进。老板会很高兴的。

显然，算法的速度很重要。算法是根据其**计算复杂度**（computational complexity）来评级的。计算复杂度将执行算法所需的步骤数与输入数量联系起来。快速排序的计算复杂度显著低于插入排序。

快速排序被称为分治算法，因为它将原来的大问题分解成小问题，先分别解决这些小问题，然后将部分解组合成完整解。我们将在此后的章节中看到，分治法是算法设计中一个强有力的策略。

人们发明了许多算法用于排序，包括合并排序（Merge Sort）、堆排序（Heapsort）、内向排序（Introsort）、蒂姆排序（Timsort）、立方体排序（Cubesort）、希尔排序（Shell Sort）、冒泡排序（Bubble Sort）、二叉树排序（Binary Tree Sort）、循环排序（Cycle Sort）、图书馆排序（Library Sort）、耐心排序（Patience Sorting）、顺滑排序（Smoothsort）、链排序（Strand Sort）、锦标赛排序（Tournament Sort）、鸡尾酒排序（Cocktail Sort）、梳子排序（Comb Sort）、地精排序（Gnome Sort）、解混洗排序（UnShuffle Sort）、分块排序（Block Sort）和奇偶排序（Odd-Even Sort）。所有这些算法都能对数据进行排序，但每个算法都有其独特之处。有些算法比其他算法更快，有些算法比其他算法需要更多的存储空间，少数几个算法要求输入是以特定方式备好的。某些算法则已经被更新、更高效的算法取代了。

如今，算法与计算机已密不可分。根据定义，计算机是执行算法的机器。

算法机器

如前所述，算法是用来解决问题的一种抽象方法。算法可以由人或计算机执行。在计算机执行算法之前，算法必须被编码为计算机可以执行的指令列表。计算机指令列表被称为**程序**（program）。计算机的最大优势是它能一个接一个地自动高速执行大量指令。令人惊讶的是，计算机不需要支持种类繁多的指令。一些基本的指令类型就足够用了。它所需要的只是对数据存储与提取、算术、逻辑、重复和决策的指令。算法可以被分解成诸如此类的简单指令并由计算机执行。

要执行的指令列表和要进行运算的数据被称为计算机**软件**（software）。在现代计算机中，软件被编码为微观导线上的电子电压电平。计算机**硬件**（hardware），也就是物理机器本身，每次执行程序的一条指令。程序执行引发输入数据被处理，并导致输出数据的创建。

计算机的巨大成功有两个原因。首先，计算机执行算法的速度比人快很多。一台计算机每秒可以执行数十亿次操作，而人或许只能执行10次。其次，计算机硬件是**通用**（general-purpose）的，这意味着它可以执行任何算法。只要换个软件，计算机就能执行完全不同的任务。这给了计算机很大的灵活性。计算机可以执行各种各样的任务——从文字处理到电子游戏。这种灵活性的关键在于，由程序支配通用硬件的工作。没有软件，硬件就是空闲的。是程序使硬件动起来。

算法是对计算机必须做什么的抽象描述。因此，在解决问题时，算法至关重要。算法是必须做的事情的蓝图。程序是对算法的精确的、机器可执行的公式化呈现。要解决一个信息问题，首先必须找到合适的算法。只有这样才能把程序写进计算机。

20 世纪中叶，计算机的发明使算法的数量、种类和复杂性都呈爆发式增长。曾经被认为不可能解决的那些问题，现在经常交给廉价的计算机来解决。每天都有新的程序在发布，这扩大了计算机可以承担的任务范围。

算法嵌入我们的台式计算机里、汽车里、电视机里、洗衣机里、智能手机里、手腕设备里，并且很快就会嵌入我们的身体里。我们在与朋友交流、加快工作进度、玩游戏和寻找灵魂伴侣这些事上，使用了大量的算法。毫无疑问，算法让我们的生活变得更容易了。它们还为人类提供了前所未有的获取信息的途径。从天文学到粒子物理学，算法增进了我们对宇宙的理解。最近，一些尖端算法显示出了超越人类的智能。

所有这些算法都是人类思维别出心裁且优雅的创造物。这本书讲述的是算法如何从古代学者晦涩的著作中脱颖而出，成为现代计算机世界的驱动力之一。

第 1 章

古老的算法

乌尔沙那比，登上乌鲁克的城墙，四处走走，

检查地基平台是否坚实，仔细瞧瞧那城砖！

看看那砖石是不是经过了烈火烧制而成，

一定是七大圣贤为之奠基！

一方是城市，一方是果园，

一方是黏土坑，

还有那伊什塔尔神庙的开阔地带。

三方土地加上开阔地带组成了乌鲁克。

作者不详，斯蒂芬妮·达利译

《吉尔伽美什史诗》，约公元前 2000 年

  沙漠几乎吞没了乌鲁克。它的伟大建筑几乎全部被埋在积聚的沙子下，建筑的木材已然崩解。到处都是被风或考古学家刮得光秃秃的黏土砖。这被遗弃的废墟似乎无关紧要，它被遗忘了，变得无用。几乎无法看出，在 7 000 年前，这片土地是地球上最重要的地方。位于苏美尔地区的乌鲁克，是最古老的城市之一。正是在这里，在苏美尔这片土地上，文明诞生了。

苏美尔位于美索不达米亚南部。该地区以底格里斯河和幼发拉底河为界，北起土耳其山区，南至波斯湾。如今，该地区横跨伊朗与伊拉克边境。那里气候炎热干燥，只有河流平原定期洪水泛滥时才适宜居住。在灌溉技术的帮助下，早期农业在"河流之间的土地"上得以蓬勃发展。由此产生的食物过剩使文明得以延续和繁荣。

苏美尔的国王们建造了伟大的城市——埃利都、乌鲁克、启什和乌尔。在鼎盛时期，乌鲁克曾是6万人的家园。生活的所有方面都在那里展开——家庭和朋友、贸易和宗教、政治和战争。我们能知道这些，是因为文字书写是大约5 000年前由苏美尔人发明的。

铭刻于黏土

文字似乎是从印刻在湿黏土陶筹上的简单记号发展而来的。最初，这些陶筹是用来记录库存与货物交换的。一个陶筹可能等同于一定数量的获得物或者一定头数的牲畜。随着时间的推移，苏美尔人开始在更大的黏土碎片上刻下更复杂的图案。经过几个世纪的发展，简单的象形文字演变成了完整的书写体系。这个体系现在被称为**楔形**（cuneiform）文字。这个名字源于文字独特的"楔形"形状，那是用芦苇笔在湿黏土上压印出来的。符号由几何形状的楔形图案组成。这些铭文是通过在阳光下晒干潮湿泥板来保存的。如今看来，这些泥板颇具美感——楔形文字纤细而优雅，符号规整，文字整齐地排列成行和列。[1]

文字的发明定然改变了当时的社会。这些泥板让跨越空间和时间的交流成为可能。人们可以寄信了。交易可以被记录下来，以备将来参考。文字促进了公民社会的顺利运行和扩张。

此后的1 000年里，楔形文字记录了苏美尔语。公元前24世纪，阿卡德帝国的军队入侵了苏美尔。征服者调整了苏美尔人的书写方式，使其适应征服者自身语言的需要。有一段时间，这两种语言都在泥板上使用。渐渐地，随着政治权力的转移，阿卡德语成为泥板上的唯一语言。

阿卡德帝国延续了 3 个世纪。[2] 此后，被占领的城邦各自分裂，后来融合成位于北方的亚述和位于南方的巴比伦。公元前 18 世纪，巴比伦国王汉谟拉比重新统一了美索不达米亚诸城。巴比伦城无可争议地成为美索不达米亚的文化中心。在国王的推动下，城市扩大，建成了令人印象深刻的纪念碑和精美的庙宇。巴比伦成了该地区的超级大国。阿卡德语及其楔形文字成了整个中东地区国际外交的通用语。

经过 1 000 多年的统治，巴比伦几乎没有抵抗就被波斯国王居鲁士大帝攻陷了。波斯帝国席卷了整个中东地区，其首都在今天的伊朗境内。居鲁士的帝国从博斯普鲁斯海峡一直延伸到巴基斯坦中部，从黑海一直延伸到波斯湾。波斯楔形文字开始在统治工作中占主流。这些新的泥板乍一看与阿卡德泥板相似，但新泥板使用了波斯语和一套完全不同的符号。古老的阿卡德文字使用率逐渐减少。在巴比伦陷落 4 个世纪后，阿卡德语被弃用了。很快，不再有人能理解古苏美尔语和阿卡德楔形文字符号了。

美索不达米亚的古城市群逐渐被遗弃。废墟之下，埋藏着成千上万块记录着一个失落文明的泥板。2 000 年过去了。

终于重见天日

19 世纪，欧洲考古学家开始研究美索不达米亚遗址。他们的发掘工作包括探查那里的古代遗址。他们将发掘的文物运回欧洲进一步研究。这些挖掘所得包含了一些刻着符号的泥板。泥板上刻着的像是某种文字，但这些符号到现代已经无法理解了。

亚述学家们开始了破译未知铭文的艰巨任务。那些经常重复出现的特定符号可以被识别和破解，国王和省份的名字变得明确起来。但除此之外，这些文本仍然令人费解。

对于翻译者们来说，贝希斯敦（Bīsitūn）铭文的发现让事情有了转机。贝希斯敦铭文由文字伴随浮雕组成，浮雕描绘了大流士国王对戴手铐的囚犯进行惩罚的场面。从装束来看，这些囚犯来自波斯帝国各地。该浮雕雕刻在伊朗西部扎格罗斯山脉山麓的石灰岩悬崖上，俯瞰着一条古道。贝希斯敦铭文高达15米，宽25米，令人印象深刻。

亨利·罗林森爵士是英国东印度公司的一位官员，在他参观了这个遗址之后，贝希斯敦铭文的意义才变得明确起来。罗林森爬上悬崖，复制了一份铭文上的楔形文字。在此过程中，他发现悬崖上还有两处铭文。不巧的是，那两处都无法靠近。罗林森并不气馁，他于1844年回到了这里，并在当地一个小伙子的帮助下，拓印了其余铭文文本。

这三种文字是用不同的语言写成的——古波斯语、埃兰语和巴比伦语。最关键的是，这三种语言讲述的是同样的内容——国王对权力的掌控和他冷酷无情对待叛军的故事。古波斯语的一部分含义在千百年后仍有人能理解。两年后，罗林森汇编并出版了那部分古波斯语文本的第一部完整译本。

以古波斯语文本的译本作为参考，罗林森和一群组织松散的爱好者成功地破译了巴比伦语文本。这一突破是破解阿卡德和苏美尔泥板上文字意义的关键。

人们重新考察了巴格达、伦敦和柏林的博物馆里的泥板。学者们对一块块泥板上的一个个符号进行研究后，苏美尔语、阿卡德语和巴比伦语的文字被破译了。一个失落已久的文明重见天日。

早期泥板上的信息非常简单。它们记录的是重大事件，如国王的即位或重要战役的日期。随着时间的推移，记录的主题变得更加复杂。传奇故事开始出现，其中有人类最早的书面故事：《吉尔伽美什史诗》。主题也有关于公民社会日常管理事务的，比如法律、法律合同、账户和税收分类账。人们还发现了各个国王和王后之间的往来信件，其中详细记载了贸易协议、王室联姻提议和战争威胁。还有些是私人信件，内容含有情诗和魔法诅咒。在这些日常生活留下的琐碎遗迹中，学者们偶然发现了古代美索不达米亚的算法。

许多现存的美索不达米亚算法都是当时学习数学的学生们随手记下的。下面的这个例子可以追溯到汉谟拉比王朝（公元前 1800 年—公元前 1600 年），这个时期现在被称为古巴比伦时期。所属时期是估算出来的，从文本的语言风格和所使用的符号推断而来。这个算法是从碎片上的信息拼凑得来的，这些碎片保存在大英博物馆和柏林国家博物馆。原件的一些部分仍下落不明。

该泥板记录的是一种计算地下蓄水池长度和宽度的算法。文字表述颇为正式，其他古巴比伦算法也是这样。前三行是对要解决的问题进行的简明描述。文本的其余部分是对算法的阐述。算法步骤中交织着一个实例以帮助理解。

一个蓄水池。

深度为 3.33，挖出土的体积为 27.78。

长度比宽度多 0.83。

你应当取深度 3.33 的倒数，得 0.3。

乘以体积 27.78，得 8.33。

取 0.83 的一半，再取平方，得 0.17。

加 8.33，得 8.51。

取平方根得 2.92。

将这个数字复制得到两个，其中一个加上 0.42，另一个减去 0.42。

你可以算出 3.33 是长度，2.5 是宽度。

这就是解题全过程。

这个例子中，提出的问题是计算一个蓄水池的长度和宽度，蓄水池可能蓄了水。蓄水池的容积和深度都已确定。蓄水池长度和宽度之间所需的差值已经定好。实际的长度和宽度有待确定。

"你应当"这个短语表示接下来的内容是解决问题的方法。计算结果之后是"这就是解题全过程"的声明，这表示算法到此结束。

这个古巴比伦算法绝不简单。它用容积除以深度，得到蓄水池底部面积。单纯地取这个面积的平方根，就会得到一个正方形底的长度和宽度。必须进行调整才能得到所需的长方形底面。因为对于给定的周长，正方形的面积是最小的，所以长方形底面的面积必然比正方形的略大一些。额外增加的面积按照正方形来计算其面积，正方形的边长等于所需长度和宽度之差的一半。该算法将这个额外的面积添加到正方形底面的面积中。将这两个面积相加得到的更大的正方形，计算其宽度。通过拉伸这个更大的正方形，就得到了想要的长方形。两条长边的长度增加了所需的长宽差的一半。另外两条短边的长度也减少了相同的数值。这样一来就得到了一个正确尺寸的长方形。

以上描述使用的是十进制数。在最初的版本中，巴比伦人使用的是**六十进制数**（sexagesimal）。一个六十进制的数字系统有 60 个独一无二的数字（0—59）。相比之下，十进制只使用 10 个数字（0—9）。在这两个系统中，一个数字的数位是由它相对于小数点的位置决定的。在十进制中，从右向左移动，每个数字的值是前一个数字的 10 倍。这样，我们就有了个位、十位、百位、千位等。例如，十进制数 421 就等于 4 个 100 加 2 个 10 加 1 个 1。在六十进制中，从小数点开始从右向左移动，每个数字的值是前一个数字的 60 倍。反过来，从左向右移动，每一位数值为前一位的六十分之一。因此，六十进制数 1 3.20 的意思是 1 个 60 加 3 个 1 加 20 个六十分之一，等于十进制数 $63\frac{20}{60}$ 或 63.333。看起来，古巴比伦数字系统的唯一优势是表示三分之几比十进制更容易些。

对现代读者来说，巴比伦的数字系统看起来很古怪。然而，其实我们每天都用六十进制来测量时间。1 分钟有 60 秒，1 小时有 60 分钟。凌晨 3 : 04 是零点后 184（3×60＋4×1）分钟。

巴比伦的数学里还有另外三个奇怪的现象。第一，小数点并不写出。巴比伦学者必须根据上下文推断它的位置。这肯定是有问题的——想象一个价签上没有美元和美分的区隔是什么情形吧！第二，巴比伦人没有一个表示零的符号。今天，我们通过画一个环（0）来表示为零留下的缺口。第三，除法是通过乘以除数的倒数来做的。换句话说，巴比伦人不是除以 2，而是乘以 $\frac{1}{2}$。在实践中，学生们会参考提前算好的倒数表和乘法表来加快计算速度。

有一块圆形小泥板能显示巴比伦数学的惊人水平。这块编号为 YBC 7289 的泥板目前存放在耶鲁大学古巴比伦文物收藏中心（图 1.1）。它可以追溯到公元前 1800 年至公元前 1600 年。这个泥板上绘制了一个正方形，两条对角线分别连接了正方形的两对对角。正方形的边长标为 30 个单位。对角线的长度记为 2 的平方根乘以 30。

这些标记的数值表明当时的人们懂得毕达哥拉斯定理（勾股定理），你可能在学校里也学过这个。该定理指出，在直角三角形中，斜边（最长的边）长度的平方（一个值自己乘以自己）等于其他两条边长度的平方之和。

这块泥板的真正非凡之处在于，它是在古希腊数学家毕达哥拉斯出生前 1 000 年刻下来的。对数学家们来说，这一发现就如同在维京人营地里发现了一个电灯泡一样神奇！这引出了关于数学史的基本问题。这个算法是毕达哥拉斯发现的，还是他在旅行中学会的？这个定理是否已被世人遗忘，然后毕达哥拉斯独立地重新发现了它？美索不达米亚人还搞出了什么别的算法？

YBC 7289 泥板上记录了 2 的平方根是 1.41421296（按十进制写法）。这很有意思。现在我们知道 2 的平方根是 1.414213562，保留到小数点后九位。值得注意的是，泥板上的数值精确到近乎小数点后七位，即

图 1.1　耶鲁大学收藏的泥板
7289（YBC 7289，耶鲁大学古
巴比伦文物收藏中心提供）

0.0000006。巴比伦人是怎么把 2 的平方根计算到如此精确的程度的呢？

计算 2 的平方根并不容易。最简单的方法是亚历山大的赫伦（Heron of Alexandria）提出的近似算法。[3] 当然，还有一个小麻烦，那就是赫伦生活在 YBC 7289 泥板被镌刻出来的 1 500 年后（约公元 10 年—公元 70 年）！我们必须假设巴比伦人发明了同样的方法。

赫伦的算法是把这个问题反过来问。他提出的问题不是"2 的平方根是多少"，他提出的问题是"哪个数字自己乘以自己等于 2"。赫伦的算法从提出猜测开始，并在多次迭代中不断改进：

对 2 的平方根提出一个猜测数。

按如下方式重复生成新的猜测数：

2 除以当前的猜测数。

所得数字加上当前的猜测数。

除以 2 得到一个新的猜测数。

当最新的两个猜测数几乎相等时，停止重复。

最新的猜测数就是 2 的平方根的近似值。

假设这个算法一开始用了个非常糟糕的猜测数：

2。

2 除以 2 等于 1。加上 2，再除以 2 得：

1.5。

2 除以 1.5 得 1.333。加 1.5 再除以 2 得：

1.416666666。

再重复一轮得：

1.41421568。

这就接近真实值了。

这个算法是如何生效的呢？假设你知道 2 的平方根的真实值。如果你用 2 除以这个数，结果会与这个数完全相同——2 的平方根。[4]

现在，假设你的猜测数大于 2 的平方根。当你用 2 除以这个数时，你得到的值就会小于 2 的平方根。真正的平方根的值就夹在这两个数之间，这两个数一个大于它，另一个小于它。通过计算这两个数字的平均值（总和除以 2），可以得到一个改进的估计值。这就得到了两个界值之间的一个值。

这个除法和求平均值的过程可以重复进行，进一步让估计值更准确。经过连续的迭代，估计值会越来越接近真正的平方根的值。

值得注意的是，如果猜测数小于真实平方根的值，这个过程依然适用。在这种情况下，用除法得到的数字过大。同样地，真正的平方根的值就夹在这两个数之间。

直到今天，赫伦的方法还被用来估算平方根。1996年，格雷格·费（Greg Fee）还使用了该算法的一个扩展版本，用于算出2的平方根到小数点后1 000万位。[5]

美索不达米亚的数学家们思虑深远，甚至能想到在他们的算法中使用记忆。他们有一个指令是"把这个数字记在脑子里"，这就是现代计算机数据存储指令的前身。

奇怪的是，巴比伦的算法似乎不包含明确的决策步骤（"如果–那么–否则"）。然而，"如果–那么"规则被巴比伦人用来对非数学知识进行系统化。公元前1754年的《汉谟拉比法典》规定了282条公民应遵守的法律，每条法律论及一种罪行及其惩罚方式：

> 如果儿子打了父亲，那么他们将砍下儿子的手指。
> 如果一个人损坏了别人的眼睛，那么他们也必会损坏他的眼睛。

"如果–那么"结构也被用来记录医学知识和迷信。以下迷信说法来自公元前650年左右尼尼微的亚述巴尼拔国王的图书馆：

> 如果一座城建在了山上，那么这对城中的居民是不利的。
> 如果一个人不小心踩死了蜥蜴，那么他就能胜过他的敌人。

尽管缺少决策步骤，美索不达米亚人还是通过算法解决了各种各样的问题。他们能推算贷款利息，做出天文学预测，甚至可以解二次方程

（含有未知数的 2 次方的方程）。虽然他们的大多数算法都指向实际应用，但也有少数算法是为了追求数学本身。

优雅和美感

埃及象形文字的发明与美索不达米亚文字书写的发展大致处于同一时期。由于埃及使用易腐烂的纸草卷轴进行书写，埃及数学留存至今的证据极少。现存最著名的记录是亨利·莱因德（Henry Rhind）于 1858 年在卢克索购买的一张纸草卷轴。莱因德纸草现保存在大英博物馆，是一份原始纸草的古代副本，可以追溯到公元前 2000 年左右。这个 5 米长、33 厘米宽的案卷记录了一系列算术、代数和几何学问题。虽然它对这些主题的基础概念都有阐述，但其内容在本质上几乎都不是算法。总体而言，算法似乎不是古埃及数学中发展良好的分支。

在波斯帝国崛起后的几个世纪里，希腊世界逐渐在数学领域占据了领导地位。希腊人从美索不达米亚人和埃及人那里学到了很多东西——作为贸易和战争的副产品。

亚历山大大帝（公元前 356 年—公元前 323 年）在公元前 333 年至公元前 323 年间建立了希腊对整个中东地区的军事统治。他的征服开始于通过军事胜利将希腊诸城邦统一在他的统治之下。随后，这个年轻人征召了一支由 32 000 名步兵和 5 000 名骑兵组成的军队，向小亚细亚进军。事实证明，亚历山大是一位杰出的军事战略家和能够鼓舞人心的领袖。他的军队横扫叙利亚、埃及、腓尼基、波斯和阿富汗，占领了一座又一座城市。然后，在公元前 323 年，在一次习惯性的酗酒之后，亚历山大大帝发烧了。几天后，他在巴比伦去世，年仅 32 岁。亚历山大庞大的帝国被他的几位将军瓜分。托勒密任埃及总督。他是亚历山大的密友，可能也是他异父或异母的兄弟。

托勒密的第一个决定是把埃及的首都从孟菲斯迁到亚历山大。这座城市是亚历山大本人在埃及一个古老城镇的旧址上建立的，地理位置非常理想。它位于尼罗河三角洲西部边缘的地中海沿岸，其天然港口使海军和商人很容易进入尼罗河。可以用驳船向上游运输货物。骆驼队将上尼罗河与红海连接了起来。亚历山大港依靠贸易繁荣起来。随着埃及人、希腊人和犹太人的涌入，亚历山大成为当时最大的城市。历史学家斯特拉博（Strabo）这样描述亚历山大：

> 这座城市还有非常美丽的公园和皇家官殿，它们占据了城市面积的四分之一甚至三分之一。
>
> 滨水区有绵延不断的码头、军港、商港和仓库，有通往玛里奥提斯（Mareôtis）湖的运河，还有许多宏伟的寺庙、一个圆形剧场和一个体育场。
>
> 简而言之，亚历山大城到处都是公共和神圣的建筑。

托勒密一世下令建造了亚历山大灯塔。作为古代世界七大奇迹之一，巨大的灯塔矗立在法罗斯岛上，成为辽阔的海洋和港口之间的防护堤。这座三层的石塔设计优雅、引人注目，高100米。灯塔信标白天是一面灯塔镜，晚上是火焰，供航运使用。

托勒密还建立了一个名为"缪斯神庙"（Mouseion）的研究机构，也就是博物馆。"缪斯神庙"本质上类似于一个现代研究机构，吸引了地中海沿岸的研究者、科学家、作家和数学家加入。它最出名的建筑就是著名的亚历山大图书馆。这座图书馆存在的目的是成为所有知识的宝库。在慷慨资助的帮助下，它成为世界上拥有最多卷轴收藏的图书馆之一。人们认为在鼎盛时期，该图书馆藏书超过20万册。据说，所有进港的船只都要接受卷轴搜查。发现的任何材料都要被收缴，并在图书馆中增加其副本。亚历山大图书馆成为地中海世界最卓绝的学问中心。

欧几里得可能是最伟大的亚历山大学者。关于欧几里得的生平，人们所知甚少，只知道他在托勒密一世统治时期在城里开办了一所学校。遗憾的是，欧几里得的大部分著作如今已失传，仅有五本书得以流传至今。他的伟大作品《几何原本》是一本数学教科书。该书借鉴了前人的著作，共 13 章内容，涵盖了几何、比例和数论。在接下来的千百年里，《几何原本》被反复复制和翻译。现在广为人知的欧几里得算法包含在书的第七卷中。[6]

欧几里得算法用于计算两个数的最大公约数（也称为 GCD，或最大公因数）。例如，12 有 6 个约数（能整除 12 的整数），分别是 12、6、4、3、2 和 1。18 也有 6 个约数：18、9、6、3、2、1。因此 12 和 18 的最大公约数是 6。

两个数的 GCD 可以通过列出两个数的所有约数并找出两者共有的最大约数找到。这种方法适用于小数字，但对于大数字来说非常耗时。欧几里得想出了一个更快的方法来求两个数的 GCD，该方法具有只需进行减法运算的优点。这避免了烦琐的除法和乘法。

欧几里得算法的操作如下：

以一对数字作为输入。

重复以下步骤：

大数字减去小数字。

用得到的值替换一对数字里较大的那个。

当两个数字相等时，停止重复。

这两个数就等于 GCD。

以下面两个输入为例：

$$12、18。$$

差值是 6。差值取代一对数字中较大的那个，也就是取代 18。一对数字变成：

$$12、6。$$

差值还是 6。用新差值替换 12，得到新的一对数字：

$$6、6。$$

因为两个数字已经相等，所以 GCD 就是 6。

　　该算法的原理并不是一目了然的。让我们假设你一开始就知道 GCD 是多少。两个起始数字必须都是 GCD 的倍数，因为 GCD 是两者的约数。由于两个输入都是 GCD 的倍数，所以它们之间的差也必然是 GCD 的倍数。根据定义，两个输入之间的差值必然小于两个数中较大的那个数。用差值代替较大的数字意味着这对数字缩减了。换句话说，一对数字变得越来越接近 GCD。在任何时候，一对数字及其差值都是 GCD 的倍数。经过多次迭代，差异变得越来越小。最终，差值为零。当该情况发生时，两个数字等于 GCD 的最小倍数，也就是 GCD 乘以 1。此时，算法输出结果并终止运行。

　　这个版本的欧几里得算法是迭代运行的。换句话说，它包含了重复的步骤。欧几里得的算法也可以用**递归**（recursion）的形式来表现。递归发生在算法调用自身时，其关键是每当算法调用自己时，输入都会被简化。在多次调用后，输入变得越来越简单，直到最后，答案变得显而易见。递归是一个功能强大的结构。欧几里得算法的递归版本操作如下：

以一对数字作为输入。

大数字减去小数字。

用得到的值替换较大的数字。

如果两个数字相等，

那么输出其中一个数字——它就是 GCD，

否则将此算法应用于新的数字对。

这种表达方式没有明确写出重复步骤。算法只是调用对自身的执行。每一次调用，该算法都应用于一个更小的数字对：18 和 12，然后是 12 和 6，再然后是 6 和 6。最后，输入值相等，返回结果。

欧几里得算法的递归版本是诸多伟大的算法之一。它既有效又高效。然而，这不仅仅是功能上的优点。它还是对称的，具有美感，形式优雅。对于求两个大数字的最大公约数问题，欧几里得算法是一个意料之外的解决方案。它展示出了想象力和才华。所有这些方面铸就了欧几里得算法的伟大。

伟大的算法堪称解惑之诗。

寻找素数

公元前 3 世纪，埃拉托色尼（Eratosthenes，约公元前 276 年—公元前 195 年）被任命为亚历山大图书馆馆长。埃拉托色尼出生在昔兰尼，一个由希腊人建立的北非城市。他早年的大部分时间在雅典度过。中年时，他接受托勒密一世的孙子托勒密三世的委任，负责管理亚历山大图书馆，并教导国王的儿子。

今天，埃拉托色尼因测量地球的周长而闻名于世。他发现，在夏至（一年中白昼最长的一天）当天的正午时分，亚历山大港地面上的一根杆子比位于南边 800 千米的赛伊尼（现在的阿斯旺）的一根同样高度的杆子投下的阴影要长。通过测量两个城市之间的距离，埃拉托色尼得到了亚历山大和赛伊尼之间地球弧的长度。把这个数字与阴影长度的比值结合起来，他估算出了地球的周长。令人惊讶的是，他将两个城市之间的距离乘以 50 后得出的数字和地球实际周长误差很小。

作为数学研究的一部分，埃拉托色尼发明了一种寻找素数的重要算法——埃拉托色尼筛法。素数除了其自身和 1 之外，没有其他的整数因数（能整除它的数）。前五个素数是 2、3、5、7 和 11。

素数难找是出了名的。素数有无穷多个，但它们在数轴上是随机分布的。即使使用现代计算机，发现新的素数也是很耗时间的。一些算法提供了简便的方法，但到目前为止，还没有什么简单方法能找到所有素数。

埃拉托色尼筛法的操作如下：

列出你希望从中找到素数的一串数字，从 2 开始。
重复以下步骤：
　　找出第一个没有被圈出来或画掉的数字。
　　把它圈出来。
　　画掉这个数字的所有倍数。
当所有的数字都被圈出来或者画掉的时候，停止重复。
圈出来的数字就是素数。

想象一下，试着找出 15 以内的所有素数。第一步是写下从 2 到 15 的所有数字。接下来，圈出 2 并画掉它的所有倍数：4、6、8 等。

②、3、4̶、5、6̶、7、8̶、9、1̶0̶、11、1̶2̶、13、1̶4̶、15

然后，圈出 3 并画掉它的所有倍数：6、9、12、15。

②、③、4、5、6、7、8、9、~~10~~、11、~~12~~、13、~~14~~、~~15~~

4 已经被画掉了，所以下一个圈出的数字是 5，继续推进。最终的数字列表是：

②、③、4、⑤、6、⑦、8、9、~~10~~、⑪、~~12~~、⑬、~~14~~、~~15~~

通过筛选的数字（也就是圈出来的）都是素数。

　　埃拉托色尼筛法的一个简便之处是它没有使用乘法。由于倍数是按顺序产生的，一个接着一个，所以可以通过将圈出来的数字重复相加来产生。例如，从 2 开始重复加 2 可得到 4、6、8 等 2 的倍数，以此类推来计算。

　　筛法的一个缺点是它需要的存储空间很大。要产生前 7 个素数，需要存储 18 个数字。通过只记录某个数字是否被画掉，可以节省存储空间。然而，对于寻找大量素数，筛法的**存储复杂度**就成为一个难题。一台最新的笔记本电脑可以用埃拉托色尼筛法找到小于八位数的所有素数。相比之下，截至 2018 年 3 月，已知最大的素数有惊人的23 249 425 位数。

　　300 年来，亚历山大博物馆一直是教学和学习的灯塔。此后，缓慢的衰退过程中灾难接连不断。公元前 48 年，尤利乌斯·恺撒的军队在亚历山大港将他们的船只付之一炬，试图以孤注一掷的方式阻击托勒密十四世的军队。大火蔓延到码头，图书馆的部分区域在大火中遭到损毁。博物馆则在公元 272 年埃及人的叛乱中受损。塞拉皮斯（Serapis）神庙于公元 391 年被亚历山大的科普特派教皇提奥菲勒斯（Theophilus）拆除。公元 415 年，女数学家希帕蒂娅（Hypatia）被一群基督教暴徒杀害。在阿姆鲁·伊本·阿萨尔·萨米（ᶜAmr ibn al-ᶜAṣal-Sahmi）将军的军队于公元 641 年控制这座城市后，亚历山大图书馆最终被摧毁。

虽然亚历山大博物馆在 6 个世纪中一直是古希腊世界最卓越的学问中心，但它并不是逻辑和理性的唯一堡垒。在地中海的另一边，一位孤独的天才发明了一种聪明的算法来计算整个数学中最重要的数字之一。他的算法在近 1 000 年的时间里都是一枝独秀的存在。

第 2 章

不断扩展的圆圈

我多么希望我能记起那个圆，

那是阿基米德破解的确切关联。[1]

作者不详，由 J. S. 麦凯叙述

《π、$\frac{1}{\pi}$ 和 e 的记忆法》，1884 年

哥贝克力石阵位于土耳其南部，靠近幼发拉底河的源头。在对该遗址的发掘中，研究人员发现了一系列神秘的巨石阵。4 米高的石灰岩石柱围成 10~20 米宽的圆圈。这些圆圈以一对更大的巨石为中心。这些石柱的形状类似于一个拉长的 "T"。大多数石柱都刻有丰富的动物浮雕。在某些部位上的图案令人联想到人的手和手臂。石阵总共有 20 个圆圈和大约 200 根石柱。

哥贝克力石阵令人印象深刻，但它真正的不同寻常之处在于其建造年代。该遗址可追溯到公元前 10000 年至公元前 8000 年，远远早于古苏美尔。这使哥贝克力石阵成为世界上已知的最古老的巨石遗址。

在 6 000 年后的欧洲，仍然存在建造巨石圆圈的做法。人们不禁要问，这个圆圈到底有什么特别之处，以至于人类在如此长的时间里选择将其作为一种最伟大的纪念碑建筑？

错综复杂的结构

圆的根本特征是从中心点到边缘的距离是恒定的。这个距离就是圆的**半径**（radius）。圆的**直径**（diameter）或宽度是其半径的两倍。一个圆的**周长**（circumference）是其边缘的长度。一个圆越大，它的周长和直径就越大。可以通过测量来衡量周长与直径之间的关系。拉直一根绳子穿过圆的直径，并将其长度与周长进行比较。你会发现这个圆的周长略大于它直径的三倍。重复测量后能够发现，这个比率对于所有大小的圆来说都是恒定的。当然，从数学的角度来看，"三倍多一点"这个结论并不是特别令人满意。数学家想要的是精确的答案。确定一个圆的周长与直径的精确比率是一场永无止境的探索。

这个确切的比率——不管其真实值是多少——如今用希腊字母 π 来表示。威尔士数学家威廉·琼斯（William Jones）在 1707 年首次使用 π 表示圆周率，古希腊人并不这样用。

把 π 的真实值全写下来是不可能的。18 世纪 60 年代，约翰·海因里希·兰伯特（Johann Heinrich Lambert）证明了 π 是一个**无理数**（irrational number），这意味着想要枚举 π 需要无限多位数字。无论枚举到什么程度，数字都不会出现循环。人们最多能做到获取 π 的近似值。

除了前面几个整数外，π 可以说是数学中最重要的数字。如果没有 π，我们就很难对圆和球体进行推理。计算圆周运动、旋转和振动将成为数学难题。π 的值被用在许多实际应用中，从建筑到通信、从航天飞行到量子力学。

最早的近似估计 3，只对了一位数。大约在公元前 2000 年，巴比伦人估计 π 是 $\frac{25}{8} = 3.125$，算对了两位数。埃及莱因德纸草提供了一个略好一点的近似值 $\frac{256}{81} = 3.16049$，接近算对了三位数。然而，计算 π 值的第一个真正突破来自希腊数学家阿基米德。

阿基米德（约公元前 287—公元前 212 年）被认为是古代最伟大的

数学家之一。他出生在西西里岛的锡拉库萨，那里当时是希腊殖民地的一部分。

阿基米德的生平细节不详。今天，人们记住的是他从浴缸里跳起来，跑到街上大喊"Eureka！"（意思是"我找到了！"）的一幕。这个故事出自维特鲁威（Vitruvius）撰写的史书。书中提到阿基米德受国王之托检查一顶王冠。国王怀疑他的金匠偷偷地用一种廉价的金银合金代替了纯金。合金看起来和真金一模一样。阿基米德能找到真相吗？

在金银合金和纯金之间有一个可以测量的差别：纯金的密度更高。物体的密度是它的重量（或质量）除以它的体积。王冠的重量是可以测量的。然而，确定它的体积似乎是不可能的，因为它的形状是不规则的。

在一个充满宿命意味的夜晚，阿基米德爬进浴缸时，浴缸里的水碰巧溢出来了。就在那个瞬间，阿基米德意识到，想要测量一个不规则物体的体积，可以通过测量它浸入水后的排水量来实现。这一推论使他得以确定王冠的密度。

那顶王冠并非纯金打造。金匠犯罪了。

阿基米德破解了一系列重要的力学难题，包括阐释了杠杆定律。然而，他最大的贡献是在几何学上。他的诸多研究推动他探求 π 的正确值。他的研究成果是一种前所未有的精确计算 π 值的算法。

阿基米德的 π 近似算法基于三个方面的认识。首先，正多边形与圆形的外形近似。其次，多边形的周长很容易计算，因为它的边是直的。最后，正多边形的边越多，越接近于圆形。

想象一个圆。然后想象一个六边形（一个正六边形）画在这个圆的内部（图 2.1）。六边形的角与圆的边缘相接触，它的边刚好在圆的内部。因为六边形比圆小，所以按道理讲，六边形的周长接近圆的周长，但略小于圆的周长。[2]

一个正六边形在轮廓上近似于六个完全相同的三角形边对边合在一

起，每个重合的边都指向中心点。这些三角形是**等边**（equilateral）三角形，也就是说，所有三条边的长度相等。由于一个六边形有六条边，所以它的周长等于六条三角形边长之和。六边形的直径等于两条三角形边长之和。因此，正六边形的周长与直径之比是 $\frac{6}{2} = 3$。因此，3 是 π 的一个合理近似值。

现在，想象在圆的外面画一个六边形（图 2.1）。在这种情况下，六边形每个边的中间与圆接触，而不是角与圆接触。圆的直径现在等于从六边形中心点到其中一边中点距离的两倍。这个更大的六边形的周长是圆直径的 $2\sqrt{3}$ 倍。这就得出了 π 的另一个估计值：3.46410。这个估计值接近真实值，但大了一点。

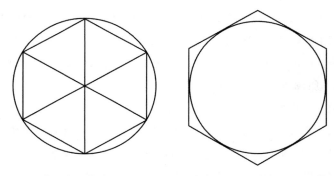

图 2.1　一个带有内六边形的圆（左）和一个带有外六边形的圆（右）。内六边形包含构成它的等边三角形

阿基米德用一种算法改进了这些近似推算。该算法每次迭代都会使两个多边形的边数翻倍。多边形的边越多，用它获得的 π 的近似值就越可靠。

算法的操作如下：

以一对内多边形和外多边形的周长作为输入。

内多边形周长和外多边形周长相乘。

除以二者之和。

得出一个新的外多边形的周长。

把这个新外多边形的周长乘以之前的内多边形周长。

求平方根。

得出一个新的内多边形的周长。

输出新的内多边形和新的外多边形的周长。

在第一次迭代中，算法将六边形变成了十二边形（有 12 条边的图形）。这样得到 π 的估计值为 3.10582（内多边形）和 3.21539（外多边形），提高到了六位数。

阿基米德算法的美妙之处在于，它可以反复运行。一次运行得到的输出可以作为下一轮迭代的输入进入算法中。这样一来，十二边形就可以转化为二十四边形。四十八边形可以变成九十六边形，以此类推。每一次重复，内多边形和外多边形都向圆更逼近了一点，得出更好的 π 估计值。

阿基米德完成了一个九十六边形的计算，得到 π 的两个估计值：$\frac{223}{71}$ 和 $\frac{22}{7}$。前者精确到四位数。后者不那么精确，但更简单，因而更受欢迎。

不幸的是，阿基米德在锡拉库萨陷落时被一名罗马士兵杀害了。关于这次冲突，有不同版本的描述。在一个版本中，阿基米德拒绝陪同士兵去见他的上级军官，理由是他正在研究一个特别有趣的问题。在另一个版本中，阿基米德试图阻止那个士兵偷他的科学仪器。令人惊奇的是，在将近 2 000 年之后的 1699 年，阿基米德的算法才被超越。[3]

世界纪录

考古证据表明，文明出现在中国的时间与出现在美索不达米亚和埃及的时间差不多。中国的城市社会大约最早是在长江和黄河沿岸发展起来的。我们对中国早期数学知之甚少，因为当时用来写字的竹简容易腐烂。虽然东西方之间有过交流，但中国数学似乎在很大程度上是独立发展的。

现存最古老的中国数学著作《周髀算经》于公元前300年左右问世。这本书主要涵盖历法和几何，其中包括勾股定理。《九章算术》是一部类似于莱因德纸草的数学问题汇编，从大约同一时期流传下来。

中国对 π 值的探究似乎比西方要执着很多。公元264年，刘徽用一个96边的内多边形得到了一个近似值——3.14，精确到了三位数。后来，他将这个方法扩展到一个有3 072条边的多边形，得到了一个改进的近似值——3.14159，精确到了六位数。

公元5世纪，祖冲之在儿子祖暅的协助下做出了更准确的估计。父子二人使用了多边形方法，与阿基米德的方法类似。然而，他们实施了更多次的迭代。他们算出的上限和下限分别为3.1415927和3.1415926，精确到了七位数，创造了新的世界纪录。他们的成就屹立了近900年，是他们卓越贡献的有力证明。

今天，我们知道 π 等于3.14159265359，精确到12位数。对 π 的计算现在由计算机算法来承担。根据吉尼斯世界纪录，π 的最精确值有31万亿位。产生这一数值的程序是由来自日本的埃玛·岩尾春香（Emma Haruka Iwao）编写的。程序在谷歌云上的25个虚拟机上运行计算，共花费了121天。

算术的艺术

公元前 212 年阿基米德被杀害是罗马统治欧洲的先兆。公元前 146 年，古希腊向罗马屈服。从公元前 1 世纪到公元 5 世纪，罗马帝国控制着地中海地区。当帝国最终灭亡时，欧洲文明也随之瓦解。此后 1 000 年里，欧洲数学之光忽明忽暗。在黑暗中，几个学术中心照亮了东方。

大约在公元 762 年，哈里发哈伦·拉希德（Harun al-Rashid）在他的新首都巴格达建立了智慧馆（Bayt al-Hikmah）。他的继任者不断扩建智慧馆，使之成为 9 世纪到 13 世纪一个重要的知识中心，这段时期现在被称为伊斯兰黄金时代。在智慧馆工作的学者将用希腊语和印度语写成的科学和哲学文本翻译成了阿拉伯语。他们还进行了数学、地理、天文学和物理学方面的原创研究。

智慧馆最有影响力的知识分子是穆罕默德·伊本·穆萨·阿尔·花剌子模，他在 780 年至 850 年间居住于巴格达。他的生平鲜为人知。然而，他有三部主要作品得以流传至今。

《代数学》（*The Compendious Book on Calculation by Completion and Balancing*）是一部代数著作。[4] 事实上，英语中的"代数"（algebra）一词，就是从这本书的阿拉伯语标题（al-jabr，意思是恢复平衡）派生而来的。这本书描述了如何使用算法来解决数学问题，特别是线性方程和二次方程。[5] 虽然此前已经有过关于代数的著作，但是阿尔·花剌子模的呈现风格引起了人们的关注。相比于其他人的工作，他的工作更系统、更循序渐进、更算法化。

阿尔·花剌子模在《印度算术法》（*On the Hindu Art of Reckoning*，约 825 年）一书中描述了十进制数字系统，我们今天使用的数字系统也在其中。[6] 十进制数字系统起源于印度河谷文明（今巴基斯坦南部），该文明大约繁盛于公元前 2600 年，与吉萨金字塔的建造时间大致是同一时代。除了从宗教文献中搜集到的资料外，人们对该地区的原始数学知之甚少。一些铭文显示，9 个非零的印度-阿拉伯数字（1—9）于公元前 3 世纪到公元 2 世纪之间出现在该地区。可以确定的是，西弗勒斯·塞博赫特（Severus Sebokht）主教在一封信中明确提到了 9 个非零的印度数字。他在公元 650 年左右生活在美索不达米亚地区。大约在同一时期，零（0）这个数字终于在印度出现了。

到了 8 世纪，由于使用起来非常方便，许多波斯学者都采用了印度-阿拉伯数字系统——阿尔·花剌子模的书就是关于这个主题的。他的著作成了印度-阿拉伯数字传向西方的渠道。1126 年，英国自然哲学家巴斯的阿德拉德（Adelard of Bath）将《印度算术法》从阿拉伯语翻译成了拉丁语。阿德拉德译本之后，比萨的莱昂纳多（Leonardo of Pisa，即斐波那契）在 1202 年出版了关于这个主题的另一部著作——《计算之书》（Liber Abaci）。

1258 年，在阿尔·花剌子模去世 400 年后，智慧馆在蒙古军队攻陷巴格达后被摧毁。

令人惊讶的是，人们接受新数字系统的速度很慢。用了几个世纪的时间，罗马数字（I、II、III、IV、V 等）才被印度-阿拉伯数字取代。欧洲学者似乎非常乐于用算盘进行计算，并用罗马数字记录结果。直到 16 世纪，随着人们开始使用笔和纸来计算，十进制数字系统才成为首选。

英语中的"算法"（algorithm）一词正是来自《印度算术法》（Algoritmi de Numero Indorum）拉丁文译本书名中阿尔·花剌子模的名字。

层波叠浪

14 世纪至 17 世纪的欧洲文艺复兴时期，人们重新发现了古典哲学、文学和艺术。数学也重新兴起，尤其体现在会计、力学和地图制作等实践领域的应用当中。15世纪印刷机的发明进一步促进了学术和学问的传播。

随后的18世纪启蒙运动中，西方哲学发生了革命。延续几个世纪的教条在实证和理性诘问下被一扫而空。数学和科学成为思想的基础，技术进步改变了社会的方方面面，民主和对个人自由的追求占据了上风。

观念的转变、沉重的赋税和一场场农业歉收引发了1789年的法国大革命。在这场血腥的动乱中，一位法国数学家为一个算法奠定了理论基础，该算法后来成为世界上最常用的算法之一。

1768年，让-巴蒂斯特·约瑟夫·傅里叶（Jean-Baptiste Joseph Fourier，图2.2）出生于法国欧塞尔。傅里叶9岁时成为孤儿，在当地宗教组织开办的学校接受教育。这个小伙子在数学方面的天赋在他十几岁的时候就显现出来了。尽管如此，这个年轻人还是接受了牧师培训。成年后，傅里叶放弃了政府部门的工作，投身数学事业，成为一名教师。但很快，他就卷入了席卷全国的政治剧变。受大革命理想的启发，傅里叶倒向了政治激进主义，并加入了欧塞尔革命委员会。在随后的恐怖统治

图2.2　1839年由皮埃尔·阿方斯·费萨尔（Pierre-Alphonse Fessard）创作的约瑟夫·傅里叶的半身像［© 纪尧姆·皮奥勒（Guillaume Piolle）/ CC-BY 3.0.］

中，傅里叶发现自己卷入了敌对派系之间的暴力争端。他被关进了监狱，险些被送上断头台。

此后，傅里叶以教师身份搬去巴黎进修。他因数学才能被任命为新成立的巴黎综合理工学院（École Polytechnique）的教师。仅仅两年后，他就成了分析与力学学会的主席。傅里叶似乎注定要在学术界度过一生，直到一件意想不到的事情改变了他的人生轨迹。

在拿破仑领军入侵埃及时，傅里叶被任命为法军的科学顾问。法军于 1798 年 7 月 1 日占领了亚历山大。从那以后，胜利转为可耻的溃败。拿破仑离开了埃及，但傅里叶留在了开罗。在那里，他把自己的科学工作分派出去，并利用业余时间对埃及的文物进行研究。

在傅里叶最终回国后，拿破仑安排这位数学家担任伊泽尔省的行政长官，该省位于阿尔卑斯地区，首府为格勒诺布尔。正是在那里，傅里叶开始撰写他的巨著。他的著作《热的解析理论》（*Théorie de la Chaleur*）于 1822 年出版。顾名思义，这本书是关于金属棒中的热传导的。更重要的是，这本书提出，任何波形都可以看成适当时间延迟的和按比例放大缩小的谐波的加合。这个想法在当时备受争议。然而，傅里叶的假定后来被证明是正确的。

为了理解傅里叶的理论，让我们来进行一个思想实验。想象一个游泳池。在泳池一端放一台造波机，假设另一端有某种溢流管且不会反射波。我们假设这台机器产生的单个波浪的波长就是游泳池的长度。我们看着波峰从泳池的一端移动到另一端，然后下一个波峰出现在起点。这个简单的波形被称为**一次谐波**（first harmonic，图 2.3）。它的**周期**（period）——两个波峰之间的距离——等于泳池的长度。

现在，想象一下造波机动得更快些。这一回，两个完整的波形周期等于泳池的长度。换句话说，我们总是可以在泳池中看到两个波峰，而不是一个。这个波形就是**二次谐波**（second harmonic）。它的周期等于泳池长度的一半。

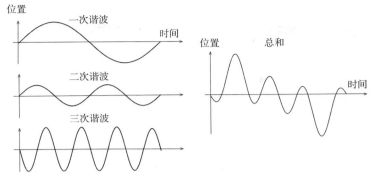

图 2.3 3 个谐波（左）和由它们加合产生的波形（右）。二次谐波被缩小了 1/2，三次谐波被延迟了 1/2 个周期

接下来，我们再把造波机的速度提高一倍。这一回，周期是泳池长度的四分之一。这就是**三次谐波**（third harmonic）。

再来一次翻倍，就得到**四次谐波**（fourth harmonic），以此类推。这个谐波序列叫作**傅里叶级数**（Fourier series）。[7]

傅里叶的非凡思想是，所有的波形——无论何种形状的波形——都是缩放和延迟谐波的加合。缩放的意思是放大或缩小波形的大小。放大会使波峰更高，波谷更低。缩小则相反。延迟一个波形意味着在时间上平移它。延迟意味着波峰和波谷比之前更晚到达。

让我们来看看把谐波加合的效果（图 2.3）。设定一次谐波的**振幅**（amplitude）是 1。一个波形的振幅是它与平衡位置之间的最大偏差。谐波的振幅就是波峰的高度。二次谐波的振幅是 1/2。三次谐波的振幅为 1，延迟为 1/2 个周期。如果我们把这些谐波进行加合，就能得到一个新的**复合波**（compound waveform）。加合的过程模拟了现实世界中波浪相遇时发生的情况。它们就是一个骑在另一个上面。用物理学中的术语表达就是波的**叠加**（superpose）。

显然，加合波形很容易。要逆转这个过程就复杂得多。如果给定一个复合波，如何确定组成复合波的谐波的振幅和延迟？答案就是使用**傅里叶变换**（Fourier transform，FT）。[8]

FT 以任何波形作为输入，并将其分解为谐波组分。它的输出是原始波形中分解出来的每一个谐波的振幅和延迟。例如给定图 2.3 中的复合波，FT 将输出三个谐波组分的振幅和延迟。FT 的输出是两个序列，其中一个列出了谐波的振幅。对于图 2.3 中的复合波，各谐波组分的振幅为 $[1, \frac{1}{2}, 1]$。第一项是一次谐波的振幅，以此类推。第二个输出序列是各个谐波的延迟：$[0, 0, \frac{1}{2}]$，以周期计算。

尽管最初只是物理学家对此感兴趣，但在计算机发明后的几十年里，傅里叶变换的真正力量才突显出来。计算机可以快速地、低成本地分析各种波形。

计算机以数字列表的形式存储波形（图 2.4）。每个数字代表某一特定时刻波形的水平。较大的正值与波峰相关，绝对值较大的负值与波谷相关。这些数值被称为**样本**（sample），因为计算机每隔一段时间就会对波形的水平采集一次"样本"。如果采样次数足够密集，数字列表就会给出波形形状的合理近似值。

FT 首先生成一次谐波。生成的波形包含 1 个周期——1 个波峰和 1 个波谷，并且与输入序列的长度等同。该算法将两个数字列表里的样本逐个相乘，例如 $[1, -2, 3] \times [10, 11, 12] = [10, -22, 36]$。然后将这些结果加合起来。加合值就是输入与一次谐波之间的**相关系数**（correlation）。相关系数是对两个波形相似性的衡量，如果相关系数较高，就表明输入中的一次谐波较强。

该算法接下来对延迟四分之一周期的一次谐波副本重复实施求相关系数的操作。这样一来，相关系数衡量的就是输入波形与延迟的一次谐波之间的相似性。

将两个相关系数值（无延迟的和延迟的）融合起来，就可以产生一次谐波的振幅和延迟的估计值。振幅等于两个相关系数的平方和再除以

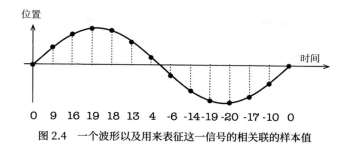

图 2.4　一个波形以及用来表征这一信号的相关联的样本值

样本数量后的平方根，延迟是通过计算两个相关系数的相对强度得出的。相对强度表明该组分在时间上与两个版本的谐波有多接近。

对所有的高次谐波实施这种求双重相关系数（无延迟的和延迟的）和融合的操作。这就得出了它们的振幅和延迟。

综上所述，FT 算法的工作原理如下：

以一个波形作为输入。

对每一个可能的谐波重复以下步骤：

产生谐波。

求输入与谐波的相关系数。

将谐波延迟四分之一个周期。

求输入与延迟谐波的相关系数。

计算谐波的整体振幅和延迟。

当所有谐波处理完毕后停止重复。

输出每一个谐波的振幅和延迟。

乍一看，把一个复合波分解成组成它的谐波的过程像是数学上的空想——展示起来很漂亮，但几乎没有实际用处。这种观点与现实相去甚远！ FT 被广泛用于分析现实世界中的**信号**（signal）。

信号是现实世界中随时间变化的任何量。声音信号是能被我们听到的气压的变化。在语音识别系统（如 Siri、Alexa）中，FT 会在进一步分析之前将声音信号分解成其谐波组分。数字音乐播放器（如 Spotify、Tidal）依靠 FT 识别冗余谐波信息，从而降低数据存储量。

无线电信号是一种可以用电子设备探测到的电磁变化信号。在无线通信系统（如 WiFi、DAB）中，FT 可以使数据通过无线电信号得到有效传输和接收。

尽管 FT 非常有用，但它需要用掉很多算力。求相关系数需要花费大量的时间，特别是对于长波形来说。现代设备使用一种原始算法的变体，它被恰当地命名为快速傅里叶变换，或简写为 FFT。

FFT 发明于 1965 年，用以满足迫切的军事需要。冷战期间，美国希望能够监视苏联的核试验。唯一的方法是在友好国家的监测站测量爆炸引起的地震震动。不巧的是，使用传统的 FT 来分析地震数据的速度非常慢。科学家詹姆斯·库利（James Cooley，1926—2016）和约翰·图基（John Tukey，1915—2000）想出了一个新版本的算法，可以在很短的时间内产生相同的结果。[9]

他们的算法利用谐波波形的对称性在不同的求相关系数阶段之间共享结果。在谐波波形中，波谷只是波峰的反面。波峰上升的那一半是下降部分的镜像。高次谐波是低次谐波的加速版。通过对中间结果的再用，消除了计算过程中不必要的重复。

这个主意很奏效。库利-图基版的 FFT 使美军能将苏联的核试验定位在 15 千米的精度范围内。

出乎意料的是，在 FFT "发明"近 20 年后，人们发现这个算法实际上已经存在 180 多年了。伟大的德国数学家卡尔·弗里德里希·高斯（Carl Friedrich Gauss，1777—1855）在 1805 年将该算法用于天文学数据分析。作为一个完美主义者，高斯生前没来得及将这些结果发表，这种方法最终是在他去世后出版的论文集中被发现的。高斯 1805 年的笔记显示，他甚至早于傅里叶就开始了这方面的研究。现在回过头来看，这个算法称为高斯变换可能更合适！

傅里叶于 1830 年 5 月 16 日逝世。他的名字后来被刻在埃菲尔铁塔的侧面，以此表彰他的科学成就。

傅里叶动荡的一生几乎与工业革命的时期完全重合。在仅仅 70 年的时间里，古老的手工业被机器生产所取代。在这些变化中，一位英国人开始思考，机器除了能织布，是不是也能用来做计算。算术领域会不会发生一场工业革命？

第 3 章

计算机之梦

在过去的 50 年里，人类文明史上最明显和最鲜明的特点是，机械的应用使工业生产水平出现了惊人的提高，对旧工艺流程的改进以及新工艺流程的发明。

托马斯·亨利·赫胥黎（Thomas Henry Huxley）
《过去半个世纪的科学进步》，1887 年

手动执行计算缓慢而枯燥。几千年来，发明家们一直在尝试设计能够加速计算的设备。第一个成功的产出是算盘。公元前 2500 年左右，苏美尔人发明了泥板算盘，这是从用鹅卵石计数和沙子书写演变而来的。后来，为了更快速地计算，他们在泥板表面蚀刻了线条和符号。珠轨算盘是在中国发明的，然后经由古罗马人在欧洲普及开来。

第一个机械计算器是在 17 世纪由法国人和德国人各自独立发明的。它由手动曲柄驱动，通过杠杆、轮齿和齿轮的运动来完成加法和减法运算。这种手工制作的复杂设备既昂贵又不可靠，大多数只是作为新奇物件卖给富人。

18 世纪末和 19 世纪初发生了工业革命。工程师们设计出以蒸汽和水流为动力的机器，取代了传统的手工生产方式。手工生产向机器生产

的过渡引发了生产力的迅速提高和重大的社会变革。劳动力从农村转移到城镇，在嘈杂、黑暗且危险的工厂里与机器一起劳作。

动力纺织机以固定的织法生产纺织物。1804 年，法国纺织工兼商人约瑟夫·马里·查尔斯［Joseph Marie Charles，人称"雅卡尔"（Jacquard）］想出了一个颠覆性的重新设计。雅卡尔的织布机可以**被编程**（programmed），以生产不同织法的纺织物。这台机器能根据卡片上打孔而成的图案来织布。通过改变卡片上的打孔图案，可以产生不同的织法。一系列卡片被连在一起形成循环，这样机器就能重复织出程序设定的图案。

因此，到 19 世纪早期，欧洲已经有了手摇驱动的计算器和蒸汽驱动的可编程织布机。一位从小对机器着迷的英国数学家开始思考如何将这些概念结合起来。想来蒸汽驱动的可编程机器能比人类更快、更可靠地进行计算吧？他的想法几乎改变了世界。

发条计算机

查尔斯·巴贝奇（Charles Babbage，图 3.1）于 1791 年出生在英国萨里郡的沃尔沃思。身为一个富有银行家的儿子，巴贝奇成为一名数学专业的学生。起初，他自学成才，18 岁时被剑桥大学录取。一到那里，他就发现数学系相当古板，令人失望。巴贝奇是个任性的年轻人，他既不迎合考官，也不讨好潜在的雇主。尽管他是一位杰出的数学家，但毕业后却没能在学术界找到一份工作。在父亲的资助下，巴贝奇决心自己开展独立的数学研究。他搬到了伦敦，进入了首都的科学界，发表了一系列备受好评的论文。

科学论文——就像巴贝奇发表的那些——是研究的命脉。一篇论文是描述一个新想法的报告，它有实验结果或数学证明作为支撑，理想情

图 3.1 最早的程序员——查尔斯·巴贝奇（左，约 1871 年）和艾达·洛芙莱斯（右，1836 年）〔左图：从美国国会图书馆检索获取，www.loc.gov/item/2003680395/。右图：获取自英国政府艺术收藏中心，GAC 2172；玛格丽特·萨拉·卡彭特（Margaret Sarah Carpenter）作品：（奥古丝塔）艾达·金，洛芙莱斯伯爵夫人（1815—1852），数学家，拜伦勋爵之女〕

况下两者兼有。科学依赖于证据，证明必须经过验证，实验必须是可重复的。论文由同领域的专家评审。只有最好的论文才会被发表。至关重要的是，论文中提出的观点必须新颖且是经过验证的。在期刊或会议上发表文章，可以向科学界有兴趣的各方传播新观点。发表一篇论文是一个学者职业生涯的里程碑，这表明他们在该领域具备了实力且站稳了脚跟。

在巴贝奇的年代，由于缺乏公共基金，只有少数几所大学和少数富有的科学爱好者能开展科学研究。科学论述常常发生在富人的沙龙里，甚至连"科学家"这个词都是新出现的。多年来，巴贝奇一直是维多利亚时代绅士科学家的典范。1828 年，他最终被任命为剑桥大学卢卡斯数学教授。他能长时间艰苦地工作，这极大地放大了他原本就有的天赋。虽然他是一位颇有成就的数学家，但也许他的主要天赋在于发明机械设备。

基于他已发表的论文的诸多贡献，巴贝奇被选为英国皇家学会会士。他的职责之一是为英国皇家天文学会审核数学表格。这些表格列出了重要天文现象的预测时间和位置。海员广泛使用这些表格作为导航的辅助工具。由于手工计算很费力，这些表格常常包含错误。在无垠的大洋中，一个小错误就可能导致船只失事。

为了减轻计算的工作量，巴贝奇设计了一种蒸汽动力机械，可以自动计算和打印表格。十进制数字由轮齿、齿轮和杠杆的位置来表示。该引擎能够自动执行一系列计算、进行存储和重复使用中间结果。这台机器被设计成可执行单一的固定算法。因此，它缺乏可编程性。尽管如此，相比于以前的计算器，这种设计仍然算得上是一个重大进步，因为以前的计算器需要手动输入每一个数字和运算。巴贝奇制作了这种机器的一个小型工作模型。英国政府看到巴贝奇这个概念的价值后，同意资助建造巴贝奇差分机。[1]

事实证明，制造差分机颇具挑战性。零件制造上的微小误差就会使机器变得不可靠。尽管政府不断投资，巴贝奇和他的助手杰克·克莱门特（Jack Clement）还是在完成了机器的一部分后就放弃了建造它。英国财政部在该项目上总共花掉了近1.75万英镑。这不是一笔小数目，用这笔钱足以从罗伯特·斯蒂芬森（Robert Stephenson）先生那里购买到22辆崭新的铁路机车。

尽管差分机项目失败了，巴贝奇仍然被自动计算的想法所吸引。他设计了一种新的、更先进的机器。分析机将是机械的，用蒸汽驱动，以十进制运算。它还是完全可编程的。这种新机器借鉴了雅卡尔的织布机，可以从打孔卡片上读取指令和数据。同样，结果也是通过打孔卡片呈现。分析机将成为第一台通用计算机。

巴贝奇再次向政府寻求资助。这一次，钱没有到手。分析机项目搁浅了。

巴贝奇在意大利都灵向一群数学家和工程师演示了分析机，那是他唯一一次关于分析机的公开演讲。路易吉·费德里科·梅纳布雷亚（Luigi Federico Menabrea）是与会者之一，他是一名军事工程师。他做了笔记，随后在巴贝奇的帮助下，发表了一篇关于该设备的论文。论文是用法文写的。巴贝奇的另一位支持者艾达·洛芙莱斯非常欣赏这篇文章，并决心将其翻译成英文。

艾达·洛芙莱斯［原名奥古丝塔·艾达·拜伦（Augusta Ada Byron）］生于 1815 年，是拜伦勋爵和拜伦夫人的女儿（图 3.1）。拜伦夫人［安妮·伊莎贝拉·诺埃尔（Anne Isabella Noel），原姓米尔班克］本身就是一位数学家。她的丈夫拜伦勋爵至今仍被尊为英国最伟大的诗人之一。拜伦勋爵与夫人的婚姻只维持了一年，两人就分开了。拜伦夫人讲述了她丈夫的忧郁情绪和她受到的虐待。关于拜伦勋爵对婚姻不忠的谣言持续存在。这位诗人颜面扫地地离开了英国，再也没有见过他的女儿。

在母亲的要求下，洛芙莱斯从小就学习科学和数学。这些都是理性的学科，不会像诗歌和文学那样产生令人担忧的影响力。1833 年，年仅 17 岁的她在一次社交聚会上结识了巴贝奇。当时，巴贝奇是个 41 岁的鳏夫，有四个孩子。他继承了父亲的财产，住在伦敦马里波恩区多塞特街 1 号的豪宅里，过着优渥的生活。巴贝奇家的晚宴是一个引人注目的场合，出席者是一个由上流社会人士、艺术家和科学家组成的群体，令人大开眼界。200 多位名人聚集在一起在当时是很常见的。有位善于打趣的人说，光有财富是不足以获得邀请的。需要具备以下三个条件之一："智力、美貌或地位"。

洛芙莱斯被巴贝奇的计算设备迷住了。在巴贝奇的邀请下，洛芙莱斯和她的母亲查看了差分机负责运行的部分。巴贝奇和艾达建立了友谊。他们定期通信，讨论分析机和其他科学话题。19 岁时，艾达嫁给了威廉·金（William King），成为奥古丝塔·艾达·金，洛芙莱斯伯爵夫人。

艾达·洛芙莱斯不仅将梅纳布雷亚的论文翻译成了英文，还用 7 篇笔记内容将其扩展了一倍多。这篇论文题为《分析机概述》（*Sketch of the Analytical Engine*），是一篇颇具远见的文章。虽然分析机从未建成，但巴贝奇已经详细说明了这台设想中的机器可以执行的指令。这使巴贝奇和洛芙莱斯可以为这台尚不存在的计算机编写程序。

论文着重讨论了算法和与其等价的程序之间的关系。作者们阐述了算法是一种抽象的计算方法，在巴贝奇和洛芙莱斯的案例中，它被书写成数学方程式的序列。这篇论文在方程式（或称之为代数公式）表达的算法与编码在打孔卡片上的程序之间建立了等价关系：

> 这些卡片仅仅是对代数公式的转化，或者换一种更明确的说法，这是另一种形式的解析法。

数学方程的序列只能由人来完成。相反，打孔卡片上的指令可以由分析机高速自动执行。

洛芙莱斯在对这篇论文的增补中呈现了一系列以程序形式编码的数值算法。在没有分析机的情况下，测试程序的唯一方法就是手动执行，模仿计算机的动作。在论文的注释 G 中，洛芙莱斯写出了计算前 5 个伯努利数的程序的执行**追踪**（trace）。执行追踪列出了计算机会执行的指令，以及每一步之后得到的结果。洛芙莱斯不知道的是，她的执行追踪与古巴比伦人带有实例的算法展示遥相呼应。现代的程序员仍然使用执行追踪来更好地理解他们编写的程序的行为。[2]

作者们很有预见性地指出了程序中可能出现的错误，或**程式错误**（bug）：

就算实际的运行机制在工作过程中是正确的，卡片也可能会给它输入错误的指令。

讽刺的是，人们后来在论文中包含的一个程序列表中发现了一个错误：在应该是 4 的地方出现了 3。这是第一个软件版本里的第一个程式错误。是此后许多同类问题的先祖！

论文还提出了计算机处理其他形式信息的设想，而不仅仅是处理数字：

> 它还可以作用于除数字以外的其他事物，这些事物之间的基本关系可以用抽象的运算科学概念来表达，而且还可以根据分析机的运算方法和分析机的工作机制加以调整。

换句话说，虽然分析机被设计用来执行算术运算，但所使用的符号可以代表其他形式的信息。此外，这台机器可以被编程或修改，以处理这些其他形式的数据。作者们知道它可以对代表字母、单词和逻辑值的符号进行运算。巴贝奇甚至折腾着通过编写程序来玩井字游戏和国际象棋。

巴贝奇、梅纳布雷亚和洛芙莱斯的精彩论文是一门新科学的第一缕曙光。把算法、程序设计和数据联系起来的科学，就是计算机的科学。又过了 100 年，这一领域才被承认并命名为计算机科学。

这是洛芙莱斯唯一的科学出版物。多年间，她的健康状况一直很差，年仅 36 岁便死于癌症。她和巴贝奇一直是好朋友，直到生命的最后。在她的要求下，她被葬在诺丁汉郡的哈克诺尔，与她早已疏远的父亲安葬在一起。

巴贝奇在他的余生中断断续续地研究分析机。[3] 由于当时的机械制造技术存在缺陷，他的计划一次又一次地受挫。巴贝奇的分析机是又一次光荣的失败。

图 3.2 计算机先驱艾伦·图灵，约
20 世纪 30 年代

尽管如此，巴贝奇还是没有停歇。他到处旅行。有一次，他下到维苏威火山里面，目的是勘察火山内部。他的著作涉及经济学、地质学、人寿保险和哲学等方面。除了设计各种计算机器外，他还是一个多产的发明家。他涉足政界，甚至参加过竞选。在他的晚年，巴贝奇因不被建制派认可而心怀愤懑。他参与了一场公开抨击伦敦街头音乐家的运动，他觉得那些人的刺耳声音令人难以忍受。在洛芙莱斯去世 18 年后，巴贝奇于 1871 年离世，他的机械数字计算机之梦也随之破灭。[4]

事后看来，分析机明显具备了现代计算机的所有要素，仅一个要素除外：分析机是机械的，而不是电子的。商业化生产的电灯泡是托马斯·爱迪生在巴贝奇死后发明的。又过了 50 年才有人尝试制造可编程的电子计算机。巴贝奇留给计算机界的遗产是洛芙莱斯的论文。

没有可编程机器，就只能靠理论家来描绘算法和计算的未来。其中最具影响力的是艾伦·图灵（Alan Turing，图 3.2）。

图灵机

1912 年，图灵出生于英国伦敦。由于他的父亲是殖民地的公务员，图灵的父母在他刚一岁的时候就返回了印度。图灵和他的兄弟留在了英国，由一位退役的陆军上校和他的妻子照顾。过了好几年，他们的母亲才回到英国与孩子们团聚。然而家人团聚的时间很短。13 岁时，图灵被送进了寄宿学校。

在学校里，图灵和同班同学克里斯托弗·莫科姆成了好友。两人都对科学和数学有浓厚的兴趣。他们在课堂上来回传递纸条，讨论谜题和答案。图灵渐渐被莫科姆折服。不幸的是，莫科姆于 1930 年死于肺结核。图灵深受打击。

图灵的母亲埃塞尔·萨拉·图灵［Ethel Sara Turing，原姓斯托尼（Stoney）］在她的回忆录中满怀温情地回忆起她成年的儿子：

> 他有时会心不在焉、胡思乱想，沉浸在自己的思想中，偶尔会显得不好相处……有几回，他的羞怯使他显得极度无礼。

有些人不像图灵母亲那样同情图灵，而是认为他是一个不合群的人。他的一位讲师推测，正是图灵的孤僻以及他坚持从第一性原理出发思考问题，给他的工作注入了罕见的新颖度。也许是因为才华高绝，图灵不会轻易容忍蠢人。他还有一些古怪的习性，比如在泰迪熊波吉面前练习演讲，把杯子锁在暖气片上以防被偷。图灵很难相处，但他的许多同行都很喜欢他，这是种罕见的组合。

图灵获得了剑桥大学的奖学金，并取得了数学一级荣誉学位。在大学里继续深造的过程中，图灵在一篇杰出的科学论文中提出了三个重要的思想：他正式定义了算法；他定义了通用计算机必须具备的功能；他用这些定义证明了有些函数是不可计算的。令人惊奇的是，图灵在数字

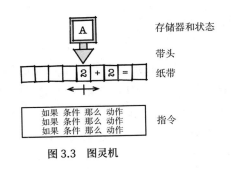

存储器和状态

带头

纸带

指令

图 3.3　图灵机

计算机问世之前就完成了所有这些工作。

图灵提出了一种想象的计算机，现在被称为图灵机，它由无限长的纸带、纸带带头、存储器和一组控制机器运行的指令组成。纸带被分成了无数个单元格。每个单元格只有够写下一个符号的空间。带头可以一次读取或写入一个正下方单元格里的符号。图灵机可以一个单元格一个单元格地来回移动纸带，它还可以在存储器中存储一个值。存储的值称为机器的当前**状态**（state）。

与机器相关联的是一组指令，它们控制机器的动作。指令的作用方式与现代计算机中指令的工作方式大不相同。在图灵机中，每条指令由1 个前置条件和 3 个动作组成，如果前置条件满足，则执行动作。前置条件取决于机器的当前状态（存储器中的值）和当前位于带头下方的符号。如果当前状态和符号与前置条件中指定的值相匹配，则执行与前置条件相关联的动作。允许的动作如下：

1. 针对带头正下方的符号，带头可以对符号进行替换、擦除或保持其不变。

2. 纸带可以向左或向右移动一个单元格，也可以保持静止不动。

3. 内存中的当前状态可以更新或保持不变。

图灵设想由人类程序员编写程序供机器执行。程序员将程序和输入数据提供给副手，由副手手动操作机器。以如今的眼光来看，很容易看出处理指令是如此简单直接，机械或电子设备可以取代人类操作员。操作员执行如下算法：

将输入值以符号的形式写在纸带上。

设置机器的初始状态。

重复以下步骤：

核对当前在带头下的符号。

核对机器的当前状态。

搜索指令以找到匹配的前置条件。

执行与匹配前提条件相关联的 3 个动作。

当存储器保持在指定的停止状态时，停止重复。

当图灵机停止运行时，结果可以显示在纸带上。

在现代人看来，图灵机似乎已经过时了，但它体现了计算机的所有必备功能——读取和写入数据、执行易于修改的指令、处理表示信息的符号、根据数据做出决定以及重复指令。图灵从没想过他的机器会被造出来。相反，图灵机一直被认为是计算机的一个抽象模型——一个能够促进计算理论发展的构想。

最重要的是，图灵机可以操作符号。人负责给这些符号赋予意义。这些符号可以被解读为代表数字、字母、逻辑（真 / 伪）值、颜色或无数其他量中的任何一个。

图灵机没有专门的算术指令（也就是加、减、乘、除）。算术运算是通过执行程序来实现的，这些程序处理纸带上的符号，从而达到算术运算的效果。例如，计算 2 加 2 是通过一个程序来完成的，该程序将纸带上的符号"2 ＋ 2"替换为符号"4"。在现代计算机中，算术运算是内置的，以提高处理速度。

图灵认为他的机器足够灵活，可以执行任何算法。他的理念——如今已被广泛接受——具有两面性。它定义了什么是算法，什么是通用计算机。算法是图灵机可以通过编程来执行的一系列步骤。通用计算机是指能够执行程序的机器，且这些程序与图灵机所能执行的程序等同。

如今，通用计算机的标志是**图灵完备**（Turing complete）。换句话说，它可以模拟图灵机的运行。纸带符号当然可以用其他物理量代替，例如现代计算机中使用的电子电压电平。所有现代计算机都是图灵完备的。如果它们不是图灵完备的，那它们就不是通用计算机。

图灵机的一个基本特性是它能够检查数据并决定下一步执行什么操作。正是这种能力使计算机比自动计算器更高级。计算器不能做决定。它可以处理数据，但不能对数据做出响应。决策能力赋予了计算机执行算法的能力。

图灵用他假想的机器来帮助他解决可计算性中的一个经典问题："所有的函数都能用算法计算吗？"函数接受输入并产生一个值作为输出。乘法是一个可计算的函数，这意味着有一个已知的算法来计算所有可能的输入值的乘法结果。图灵纠结的问题是："所有函数都是可计算的吗？"

他证明了答案是否定的。有些函数是不能用算法计算的。他证明了一个特殊的函数是不可计算的。

是否有一个算法总是可以判断另一个算法即将终止？停机问题（halting problem）探讨的就是这个问题。停机问题展示出了编程中的一个实际困难。程序员如果犯了错误，很容易编写出某些步骤永远在重复的程序。这种情况被称为**无限循环**（infinite loop）。通常，我们并不希望程序是不终止的。对于程序员来说，有一个检查程序是很有帮助的，它可以分析一个新编写的程序，并判断它是否包含任何无限循环。这样就可以避免执行无限循环。

图灵证明了不存在通用的检查算法。他的证明是基于一个悖论。关于悖论，说谎者悖论是一个很好的例子，它蕴含在如下声明中：

这句话是假的。

就像任何逻辑陈述那样，这个陈述可以是真的，也可以是假的。如果这个陈述是真的，那么我们必须得出这样的结论："这句话是假的"。一个陈述不可能既是真的又是假的。这是自相矛盾的。或者换另一种情况，如果这个陈述是假的，那么我们必须得出这样的结论："这句话不是假的"。这是另一个自相矛盾。由于两种可能性（真与假以及假与真）都是自相矛盾的，所以这种说法是一个悖论。

图灵用一个悖论来证明停机问题不存在解。基于悖论的证明方法如下：

取一个你想证明为假的陈述。

现在，假设这个陈述是真的。

在该假设基础上，建立逻辑线。

如果得出的结论是一个悖论，而且逻辑线是正确的，

那么这个假设肯定是无效的。

图灵的证明从如下假设开始：

解决停机问题的检查算法确实存在。

这种假定的检查算法能显示一个程序是否停止。如果被检查的程序停止运行，那么检查算法输出"停止"。否则，检查算法输出"不停止"。那么检查算法为：

以一个程序作为输入。

如果程序总是停止，

那么输出"停止"，

否则输出"不停止"。

接下来，图灵按照逻辑线进行推理。他首先创建了一个能运行检查算法，以检查检查算法本身的程序（图3.4）：

重复以下步骤：

将检查算法作为输入，运行检查算法。

如果检查算法输出"不停止"，那么停止重复。

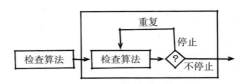

图3.4 图灵对停机问题的解答

程序对检查算法的输出进行检查。如果检查算法输出"不停止"，那么循环终止，程序停止。如果检查算法输出"停止"，那么程序将无限次重复因而不会停止。然而，检查算法检查的是算法自己。因此，只有当检查算法没有停止时，检查算法才会停止。相反，如果检查算法停止，检查算法就不会停止。这两种结果都是自相矛盾的。这是一个悖论。

既然推理的逻辑线是正确的，那么最开始的假设一定是无效的。这意味着解决停机问题的检查算法不可能存在。停机问题是不可计算的。对于有些函数，即使有了完整的认识，也是无法计算的。计算是有限度的。

好消息是，许多有用的函数（从输入值映射到输出值）都是可计算的。困难在于如何提出有效的算法来执行所需的映射。

1936 年，图灵前往普林斯顿大学攻读博士学位。文学学士学位或理学学士学位涉及一系列授课课程和一系列笔试，而更高级的哲学博士学位则涵盖一个完整的研究项目。博士学位的最终阶段是提交博士论文和一场激烈的口头答辩。能否授予博士学位取决于候选人是否提出一项有证据支持的新工作，证据可以是实验上的，也可以是数学上的。图灵的博士学位由美国数学家和逻辑学家阿朗佐·丘奇（Alonzo Church）指导，他主要研究计算的理论问题。[5]

1938 年，图灵回到剑桥大学。1939 年 9 月 4 日，也就是英国对纳粹德国宣战的第二天，图灵加入了位于布莱奇利园的政府编码与密码学校。代号为"X 站"的布莱奇利园是英国战时最高机密的密码破译中心。

根据从一个波兰组织获得的情报，图灵和戈登·韦尔什曼（Gordon Welchman）开发了一台特殊用途的计算机，以协助破解德国的恩尼格玛密码。"炸弹"（The Bombe）破译机是一种机电计算装置，于 1940 年建成。虽然"炸弹"破译机可以进行重新配置，但它不是可编程的。与同时代的其他设备一样，它只能执行固定的算法。"炸弹"破译机协助研究小组破译了从德国潜艇截获的无线电通信信息。英国海军靠收集到的情报能够确定德国 U 型潜艇的位置，并提前警告盟军船只即将受到攻击。这直接使许多盟军海员的生命得以保全。图灵被授予大英帝国勋章，以表彰他在战时的贡献。他高级机密工作的细节没有被披露。

战后，X 站被解散了。图灵加入了位于伦敦的国家物理实验室（National Physical Laboratory，NPL），在那里他加入了一个设计通用电子计算机的项目。由于任务很难，而且图灵不善于与他人合作，项目进展缓慢。沮丧的图灵离开了国家物理实验室，回到了剑桥，然后在曼彻斯特大学找了个工作。曼彻斯特大学一直在加紧研制自己的电子计算机。

在他的职业生涯中，图灵一直在思考计算机的前景，最终他得到了一台计算机。他开始为曼彻斯特大学的这台计算机编程，并编写了一份使用手册。他撰写了一系列关于计算机可能的应用前景的科学论文。他提出，计算机可以预测分子在生物系统中的行为，这为现代生物信息学埋下了伏笔。他认为计算机可以解决迄今为止需要人类智能才能解决的问题。他还推测，到 2000 年，人类询问者将不可能辨别出与其交流的文字信息是来自人类还是计算机。至今还没有计算机能通过这个所谓的人工智能图灵测试。[6]

1952 年，图灵报告说他的家被盗了。他告诉警察，他的一个朋友阿诺德·默里（Arnold Murray）认识这个窃贼。在警方的追问下，图灵承认了他和默里的同性恋关系。图灵被指控犯有"严重猥亵罪"。法院判决图灵接受激素"疗法"——化学阉割的委婉说法。图灵此前是一名狂热的业余运动员和马拉松运动员，这种"疗法"似乎对他的健康产生了负面影响。

两年后，年仅 41 岁的图灵被发现死在自己的床上。毒理学测试表明他的死因是氰化物中毒。验尸官判定图灵死于自杀。许多人质疑这一结论。没有找到任何遗书。图灵的床边被发现有一个吃了一半的苹果，但它从未被检测是否含有氰化物。[7]他的朋友们做证说他死前几天精神很好。一些人认为，图灵是被英国特工暗杀的，他们想要防止图灵泄露战时机密。这种猜测看起来牵强附会。图灵习惯于在家开展化学实验。他的死亡很可能只是一场意外。

X 站发生的事情直到 20 世纪 70 年代才被公开。就连在那里工作的人们的家人也不知道他们在布莱奇利园取得了什么成就。2013 年，英国女王伊丽莎白二世赦免了图灵的同性恋"罪行"。

图灵对计算机科学的贡献是巨大的。他定义了什么是计算机和算法，他给计算设定了界限，他的图灵机仍然是所有计算机比较的基准，通过图灵测试已经成为人工智能一直以来的目标之一。然而，比他的发明更重要的是他那些散布在一篇篇论文中的零散想法。那些看似漫不经心的思考为后来追随他脚步的人开辟了未来探索的道路。为了表彰他的成就，计算机科学界的最高荣誉被命名为 ACM 图灵奖（简称图灵奖）。每年 100 万美元的奖金由美国计算机协会（Association for Computing Machinery，ACM）提供，以表彰"具有持久且重大技术价值"的贡献。

当图灵在布莱奇利园忙着破解恩尼格玛密码时，其他地方也在开发可编程的电子（为主体的）计算机。在柏林，德国工程师康拉德·楚泽（Konrad Zuse）建造了一系列基于继电器的机电计算设备。可编程且全自动的 Z3 计算机于 1941 年建造完成。虽然 Z3 不是图灵完备的，但它包含了许多高级功能，其他地方的研究者后来也发明了这些功能。[8]战争严重地阻碍了楚泽的工作。缺乏零部件、有限的资金和空中轰炸都拖慢了 Z 系列计算机的研发。到 1945 年，楚泽的工作基本无法推进了。图灵完备 Z4 计算机的开发也陷入注定的停滞状态。直到 1949 年，楚泽才重新成立了一家公司来生产他的设备。Z4 计算机最终于 1950 年交付给苏黎世联邦理工学院。楚泽的公司在被德国电子产业巨头西门子收购之前生产了 200 多台计算机。[9]

而在美国，第二次世界大战对初代计算机的研发是一个福音。受到巴贝奇差分机示范模型的启发，霍华德·艾肯（Howard Aiken）在哈佛大学设计出了一台电子计算机。这台名为"哈佛马克 1 号"的计算机（又名自动化循序控制计算器）由 IBM 公司资助和承建，于 1944 年交付。这台机器是完全可编程的和自动化的，可以在没有干预的情况下连续多日运行。然而，"哈佛马克 1 号"缺乏决策能力，因此不是图灵完备的，所以它不算一台通用计算机。

世界上第一台可操作的数字通用计算机在美国宾夕法尼亚州建成。这台机器由美国陆军提供资金，具有明确的军事用途，于 1946 年向媒体公开。这是算法发展革命的开始。

第 4 章

天气预报

整整六天七夜，

狂风呼啸，洪水和暴风雨淹没了大地；

风暴与洪水在第七天漫天卷地，

它们像分娩中的女人那般挣扎，而后归于沉寂。

大海平静，暴风止息，洪水退却。

作者不详，斯蒂芬妮·达利译

《吉尔伽美什史诗》，约公元前 2000 年

自古以来，生命就与变幻莫测的天气息息相关。在很多情况下，只要能提前一天得知天气情况，人类就可以避免灭顶之灾。公元前 2000 年，准确预测天气是众神的特权。海员和农民以有关天气的传说和预言作为指导。

大约在公元前 650 年，巴比伦人曾尝试通过观察云的形成来更精确地预测天气。在公元前 340 年左右，希腊哲学家亚里士多德撰写了《气象论》（*Meteorologica*），这是第一部论述天气本质的重要著作。他在吕克昂学园的继任者编写了一部配套的著作《伊勒苏斯的泰奥弗拉斯图斯论风与天气征象》（*Theophrastus of Eresus on Winds and On Weather*

Signs ），其中收录有关于天气的传说。在近 2 000 年的时间里，这两本书一直是气象主题的权威论述。但不幸的是，两部书都错得很彻底。

在后启蒙时代，科学家们煞费苦心地记录下对天气状况的测量数据。一些国家建立了中央气象部门。英国于 1854 年成立了气象局。6 年后，美国气象局也开始运行。当时，电报刚被发明不久，在电报的推动下，这些气象部门从边远地区收集气象数据，并根据这些信息发布天气预报。他们的预测方法相当初级。气象学家们只是从历史记录中寻找最接近当前状况的数据。然后他们预测，天气将再次以同样的方式演变。这种方法有时会奏效，有时会错得一塌糊涂。

20 世纪初，有迹象表明，人们发现了一种更精确的预测方法。美国气象局局长克利夫兰·阿贝（Cleveland Abbe）指出，地球的大气层本质上是多种气体的混合物。他主张，气体在大气中的行为定然与在实验室中的行为相同。当时的科学家可以预测实验室里的气体在受到热、压力和运动影响时的表现。所以，气象学家应该可以利用同样的科学定律来预测大气中的气体在受到太阳的高温和风的运动影响时的表现吧？流体力学（作用于流体的力）和热力学（作用于流体的热）的定律是已知的。为什么不把它们应用到大气上呢？

此后不久，挪威科学家威廉·皮叶克尼斯（Vilhelm Bjerknes）提出了一种预测天气的两步法。第一步，测量天气的当前状态。第二步，用一组方程来预测大气未来的气压、温度、密度、湿度和风速。皮叶克尼斯从已知的物理定律中推导出了这些方程。由于方程的复杂性，他无法从这些方程得出一个直接的解。相反，他利用图表将观测结果转化为对未来情况的估计。每个图表被设计为比前一个图表晚一个固定的时间单位，图表中是对天气的预测。皮叶克尼斯认为，通过重复这些步骤，就可以对未来的天气做出预测。第一次迭代的输出结果可以作为第二次迭代的输入，以此类推。

虽然皮叶克尼斯的迭代法是一个突破，但其方法的准确性受到图表的限制。仍然缺乏一种可以从当下的测量结果计算出未来情况的可靠方法。这个问题困难重重。那些方程很复杂，似乎不可能解出来。

一个几乎没有气象学经验的人决定接受这项挑战。

数值预报

刘易斯·弗莱·理查德森（Lewis Fry Richardson，图 4.1）1881 年出生于英国纽卡斯尔，在纽卡斯尔大学和剑桥大学国王学院学习科学。毕业后，他在流体流动和微分问题方面担任了一系列短期研究职位。1913年，他接受任命，成为埃斯克代尔缪尔气象台的负责人。埃斯克代尔缪尔位于苏格兰偏远的南部高地，那里风景优美，海风吹拂，举目荒凉。理查德森的职责包括记录天气、监测地震震动和记录地球磁场的变化。幸运的是，这份工作提供住房和大量的空闲时间。在"埃斯克代尔缪尔阴冷潮湿的孤独"中，理查德森投身于一项开发和测试天气预报数

图 4.1　数值天气预报者刘易斯·弗莱·理查德森，1931 年（© 国家肖像画廊，伦敦）

值算法的任务。理查德森的实验以不可违背的物理定律为基础。

他把大气层拆分成假想的含多个**单元格**（cell）的三维网格。一个单元格可以有 100 英里 [①] 宽、100 英里长和 2 英里高。他假设在一个单元格内，大气是相对均匀的。换句话说，单元格内的所有点都具有基本相同的风速、风向、湿度、气压、温度和密度。为了捕捉大气的状态，他写下了每个单元格的这些物理量的值。因此，当下的天气情况可以用一串数字来表示。

为了确定天气情况是如何随时间变化的，理查德森把每一天分成一系列的时间步骤。一个时间步骤可以是一个小时。从观测到的天气情况开始，他计算出下一个时间步骤中天气的可能状态。为了得出这个结论，他采用了实验室推导的气体方程，这样他就可以根据一个单元格自身和其相邻单元格在上一个时间步骤的状态来计算这个单元格的状态。理查德森对每个单元格执行这些计算。用一个时间步骤的各项值的完整表格作为下一个时间步骤天气情况计算的输入。对大气顶部和底部的边界单元格采用了特殊的方程。太阳的加热效应是根据当天的时间段来引入的。计算中甚至考虑了地球自转的影响。理查德森逐个单元格、逐个时间步骤地计算天气情况。他的算法总结如下：

　　　测量每个单元格的初始天气情况。
　　　对于每一个时间步骤，重复以下操作：
　　　　　对于每个单元格，重复以下操作：
　　　　　　　根据单元格和其相邻单元格前一个时间步骤中的状态
　　　　　　　计算单元格的状态。
　　　　　处理完所有单元格后停止重复。
　　　当所有时间步骤都处理完毕后，停止重复。

---

①　1 英里约等于 1 609 米。——编者注

输出完成的预报。

理查德森的算法现在被称为**模拟**（simulation）。它通过计算来预测现实世界的物理系统是如何随时间变化的。支配模拟的方程是现实世界天气情况动力学的**模型**（model）。

理查德森使用 1910 年 5 月 20 日在德国测量的历史天气数据测试了他的算法。他试图根据 6 小时前的测量数据，预测地图上两个点的气压和风速。理查德森严格地应用了他的算法，手动执行每一次计算。这花了几个月的时间。

然而最终，理查德森的预测特别不准确。他的算法估计地面气压将上升到 145 百帕，这是一个完全不现实的值。事实上，那天的气压几乎没有任何变化。理查德森将这种不一致归咎于他在描述初始风时出现的偏差。

但他毫不灰心，于 1922 年在《利用数值过程预测天气》（*Weather Prediction by Numerical Process*）中公布了他的发现。在这本书中，他设想了一个大厅，里面挤满了 64 000 个计算员，在机械计算器的辅助下实时计算天气预报。

理查德森的书反响不佳。他的算法极其不准确，而且非常不切实际，因为需要做大量的计算。这类算法唯一的出路是借助高速的计算机器。将近 30 年后，数值天气预报才重新被提起。

ENIAC

第一台可运行的通用计算机是第二次世界大战期间在宾夕法尼亚大学被设计和制造的。ENIAC（电子数值积分计算机）[1]是由两位大学教授约翰·莫希利（John Mauchly）和普雷斯伯·埃克特（Presper Eckert）

设计的。在命运的捉弄下，大部分功劳都被算在了世界著名数学家约翰·冯·诺伊曼（John von Neumann）头上。

莫希利 1907 年出生于辛辛那提。因为能力超群，在完成基本的理学学士学位教育之前，他就被允许开始他的物理学博士学位研究。毕业后，莫希利被任命为宾夕法尼亚州乌尔辛纳斯学院的讲师。

1941 年，莫希利在宾夕法尼亚大学摩尔学院学习了一门电子工程的课程。该课程由美国海军资助，主要探讨军用电子设备。埃克特当时刚刚从摩尔学院毕业，他是这门课的讲师之一。虽然埃克特不是一个优秀的学生，但他是一个卓越的实用工程师。尽管莫希利比埃克特大 12 岁，但两人一见如故。他们都沉迷于各种小玩意儿，因而走到了一起。课程结束后，莫希利被摩尔学院聘用。

在第二次世界大战的阴影下，为美国陆军工作的计算员被安置在摩尔学院。位于马里兰州阿伯丁试验场附近的弹道研究实验室（Ballistic Research Laboratory，BRL）雇用了这些计算员。该小组在摩尔学院的机械计算器的帮助下为火炮制作弹道表。这些表格被战场上的炮兵军官用来确定火炮的正确射击角度。利用这些表格，炮兵军官可以把设备类型、气压、风速、风向、目标范围和目标高度都纳入考虑。BRL 雇用了 100 名有数学头脑的女研究生来进行精确且耗时的计算。即使有这等的劳动力，实验室也无法满足应用需求。

1942 年 4 月，莫希利写了一份设计电子计算机的设想。他的报告在摩尔学院内传阅。弹道制表工作的负责人赫尔曼·戈德斯坦（Herman Goldstine）中尉听说了这份文件。作为密歇根大学的数学教授，戈德斯坦立刻看到了莫希利的计算机在突破弹道计算瓶颈方面的潜力，于是他联系了莫希利。戈德斯坦对莫希利向他做的介绍感到满意，因此向陆军上级申请资助，让莫希利和埃克特来制造这台机器。

ENIAC 的建造工作开始于 1943 年。年轻而精力充沛的埃克特被任命为总工程师，成熟的莫希利担任埃克特的顾问，戈德斯坦是项目经理兼数学家。

虽然建造 ENIAC 的目的是计算火炮弹道表，但它是一个成熟的通用计算机。它是可编程的，尽管用的是电线和插头。它可以进行计算、存储数值并做出决策。ENIAC 与巴贝奇的分析机一样处理十进制数字。这台机器主要是电子的，也含有一些机电部件，体量巨大，重量约为 27 吨，占地面积超过 1 500 平方英尺 ①。在摩尔学院的地下室里，一排排从地板延伸到天花板的柜子紧贴着墙壁，里面摆满了电子电路机架。柜子的前面是一排排的灯泡和插座。还有更多带轮子的柜子，它们在大量设备之间穿梭。无数的电缆以看似不可理解的方式在插座之间蜿蜒。

在这个电子装置中间，一小群程序员努力地让这台性能不稳的机器运转起来。ENIAC 的程序员（图 4.2）选取自为 BRL 工作的数学家队伍。凯瑟琳·麦克纳尔蒂［Kathleen McNulty，婚后改姓莫希利和安东内利（Antonelli）］、（贝蒂）琼·詹宁斯（Jean Jennings，婚后改姓巴蒂克（Bartik）］、（弗朗西丝）贝蒂·霍尔伯顿［Betty Holberton，婚后改姓斯奈德（Snyder）］、马林·威斯考夫［Marlyn Wescoff，婚后改姓梅尔策（Meltzer）］、弗朗西丝·比拉斯［Frances Bilas，婚后改姓斯宾塞（Spence）］和露丝·利希特曼［Ruth Lichterman，婚后改姓泰特尔鲍姆（Teitelbaum）］想出了如何为这台令人眼花缭乱的机器编程。这是一场噩梦。多个单元要同时操作。对每个输出必须重新计时，以便同步数据传输。各个组件不断出故障。为了让任务更简单一些，戈德斯坦的妻子、该学院的讲师阿黛尔·戈德斯坦［Adele Goldstine，原姓卡茨（Katz）］为这台机器编写了第一份操作手册。

当 ENIAC 快要建造完成时，莫希利和埃克特就已经开始思考它的继任者。1944 年 8 月，他们提出了一种改进的设备——EDVAC（电子

---

① 1 平方英尺约等于 0.093 平方米。——编者注

图 4.2　ENIAC 团队，1946 年。从左到右：霍默·斯宾塞（Homer Spence）、总工程师 J. 普雷斯伯·埃克特、顾问工程师约翰·莫希利博士、伊丽莎白·詹宁斯（又名贝蒂·琼·詹宁斯·巴蒂克）、联络官赫尔曼·H. 戈德斯坦上尉、露丝·利希特曼

离散变量自动计算机）。BRL 再次批准了资助。EDVAC 的建造工作在此后不久就开始了。大约在同一时间，戈德斯坦为这个项目引入了一位新的合作者。

约翰·冯·诺伊曼 1903 年出生于匈牙利布达佩斯。他来自一个富裕的家庭，10 岁前一直在私立学校接受教育。中学时，他在数学方面表现出了特殊的天赋，甚至在 18 岁之前就完成了自己的第一篇研究论文。冯·诺伊曼在布达佩斯大学继续学习数学。与此同时，他还在瑞士苏黎世获得了化学学位。他甚至都没有去上苏黎世的课程，只是去参加了考试。他能讲一口流利的英语、德语和法语，拉丁语和希腊语也还凑合。

冯·诺伊曼于 1931 年被任命为普林斯顿大学教授。他还和爱因斯坦一起，成为普林斯顿高等研究院（Institute for Advanced Study，IAS）的一员。在 IAS 工作的利昂·哈蒙（Leon Harmon）曾这样描述冯·诺伊曼：

一个真正的天才，我所知道的唯一一个天才。我见过爱因斯坦、奥本海默、特勒（Teller），还有其他很多聪明人。而冯·诺伊曼是我见过的唯一一个天才，其他人都是超级聪明的自大狂。冯·诺伊曼的思想包罗万象。他可以解决任何领域的问题，他的大脑总是在工作，永不停歇。

冯·诺伊曼热情友好，深受人们的喜爱。大家都叫他"约翰尼"（Johnny）。他谦逊有礼，能倾听别人的想法，也善于吸收别人的意见。由于喜欢穿时髦西装和开跑车，约翰尼具有一种接地气的幽默感。这位伟大的知识分子喜欢与人交往，喜欢聊八卦。

第二次世界大战期间，冯·诺伊曼获准从普林斯顿大学休假，为军事项目贡献力量。他深入参与了曼哈顿计划，协助设计第一颗原子弹。这项工程需要进行大量的计算。冯·诺伊曼看出来这需要一台计算速度比人类更快的机器。1944 年，冯·诺伊曼在马里兰州阿伯丁的一个火车站月台上偶然遇到了戈德斯坦。戈德斯坦向冯·诺伊曼介绍了自己。两人聊了起来，也许是为了给冯·诺伊曼留下深刻印象，戈德斯坦提到了他在 ENIAC 上的工作。冯·诺伊曼被勾起了兴趣。戈德斯坦发出了邀请，随后，冯·诺伊曼加入了 ENIAC 项目，担任顾问。

埃克特后来说：

冯·诺伊曼很快就明白了我们在做什么。

1945 年 6 月，冯·诺伊曼撰写了一份 101 页的报告，题为《EDVAC 报告书初稿》（*First Draft of a Report on the EDVAC*）。报告详细描述了 EDVAC 的新设计，但没有提及机器的发明者莫希利和埃克特。在戈德斯坦批准后，这份报告被分发给了项目组相关人员。冯·诺伊曼是 EDVAC 第一份报告的唯一作者，人们广泛认为他是该设计的鼻祖。埃克特抱怨道：

> 我当时不知道他会走出实验室，或多或少地宣称这是他的成
> 果。他不仅这么做了，而且他这么做的时候那些材料还是机密文
> 件，我不被允许走出实验室去发表关于这些材料的演讲。

ENIAC 于 1945 年建造完成，但为时已晚，无法为战争提供帮助。1946 年情人节当天，这台巨型机器在摩尔学院的一场新闻发布会上向公众亮相。团队成员阿瑟·伯克斯（Arthur Burks）演示了 ENIAC 的性能。展示一开始，他在 1 秒钟内就完成了 5 000 个数字的求和。伯克斯接着介绍说，炮弹从炮筒飞到目标需要 30 秒。相比之下，人工计算它的弹道轨迹需要 3 天时间。他告诉在场的人，ENIAC 现在能够执行同样的计算。为了让聚集的记者们能更清楚地观察到机器闪烁的亮光，主灯被关掉了，现场就像剧院的氛围那般。计算 20 秒后就完成了，这比炮弹飞行的速度还快。

当天晚上，项目组的关键人物聚在一起举行了庆祝晚宴。晚宴只招待高级官员和电子工程师。ENIAC 的女性程序员没有收到邀请。50 年后，ENIAC 的程序员们才得到了一点认可，她们本应得到更多。

早间新闻头条饱含兴奋之情：

陆军的神奇新大脑和它的发明者
电子"大脑"在 2 小时内
计算完本需要 100 年才能算完的问题

1947 年，ENIAC 被转移到其所有者的所在地——位于阿伯丁的 BRL 设施。这台机器一直使用到 1955 年。1947 年，心怀不满的莫希利和埃克特从摩尔学院辞职，成立了自己的电脑公司。这家新成立的公司

很快就陷入了财务困境，并于 1950 年被雷明顿·兰德公司（Remington Rand）收购。

颇具争议性的是，埃克特和莫希利提交的 ENIAC 专利申请被否决了。法官做出这一裁决的部分原因在于，此前就已经存在阿塔纳索夫-贝瑞计算机（Atanasoff-Berry Computer，ABC），而且莫希利知道这一点。ABC 是由艾奥瓦州立大学的教授约翰·阿塔纳索夫（John Atanasoff）和他的学生克利福德·贝瑞（Clifford Berry）发明的，这种计算机就是电子计算机。然而，ABC 不是可编程的，且缺乏决策能力。按照现代标准来看，ABC 肯定不是通用计算机。它是一个特殊用途的电子计算器。事后来看，拉森（Larson）法官的裁决令人费解。[2] ENIAC 比 ABC 先进得多，且包含许多创新特性。

冯·诺伊曼的论文使莫希利和埃克特名声不显。创业和专利申请的失败使他们失去了财富。莫希利此后从事计算机工作，并于 1980 年去世。埃克特是两人中较年轻的那个，他曾在雷明顿·兰德公司及其后续公司工作，直到 1995 年去世。

虽然 ENIAC 是为弹道计算设计的，但它的第一次操作运行更像是为了更高级的目的。首次运行是为曼哈顿计划做秘密计算。在冯·诺伊曼的提议下，一个来自洛斯阿拉莫斯的小组于 1945 年参观了 ENIAC。这给他们留下了深刻的印象，他们游说官方将 ENIAC 用于设计氢弹所需的计算。他们的请求得到了批准，曼哈顿计划和 ENIAC 团队之间得以建立起持续的联系。这次合作让人们对历史上最强大的算法之一进行测试成为可能。

蒙特卡洛

斯塔尼斯瓦夫·乌拉姆（Stanislaw Ulam，图 4.3）1909 年出生在

图 4.3　斯塔尼斯瓦夫·乌拉姆，蒙特卡洛方法的发明者，约 1945 年（洛斯阿拉莫斯国家实验室。见使用许可）

一个富裕的波兰犹太家庭。他主攻数学，毕业于乌克兰利沃夫理工学院（Lviv Polytechnic Institute），获得博士学位。1935 年，他在华沙遇到了约翰·冯·诺伊曼。冯·诺伊曼邀请乌拉姆和他一起在普林斯顿的 IAS 工作几个月。在加入冯·诺伊曼之后不久，乌拉姆在波士顿的哈佛大学获得了一份讲师的工作。1939 年，他永久移居美国，勉强躲过了欧洲爆发的第二次世界大战。两年后，乌拉姆成为美国公民。他逐渐成为一名知名度很高的天才数学家，并于 1943 年受邀加入在新墨西哥州洛斯阿拉莫斯开展的曼哈顿计划。洛斯阿拉莫斯的高效协作环境非常适合乌拉姆。洛斯阿拉莫斯的同事尼古拉斯·梅特罗波利斯（Nicholas Metropolis）后来对乌拉姆的评价是：

　　他是个不拘小节的人，会随随便便前来拜访，不在意通常的那些礼节。他喜欢闲聊，或多或少有些随便，而不喜欢严肃探讨。闲聊话题涵盖数学、物理、世界大事、本地新闻、碰运气的游戏、经典语录——所有这些话题都是断断续续讨论的，但每次总是有一个有意义的点。他的头脑随时准备提供一个关键的连接。

在制造核弹的过程中，乌拉姆负责计算中子（原子中心的无电荷粒子）穿过屏蔽材料距离的问题。这个问题似乎很棘手。中子穿透能力取决于粒子的运动轨迹和屏蔽材料中原子的排列方式。想象一下，一个乒乓球随意向随机摆放的 100 万个木柱飞去。这个球平均能飞多远？有那么多可能的路径，谁能回答出这个问题呢？

在某次医院养病期间，乌拉姆开始玩一种单人纸牌游戏——坎菲尔德纸牌。坎菲尔德纸牌使用普通的 52 张纸牌。一次可以发一张纸牌，纸牌根据游戏规则和玩家的决定在牌堆之间移动。游戏的目标是最终只剩下 4 个牌堆。每个牌堆应该包含同一花色的所有纸牌。

规则很简单。当发出一张牌时，可以从为数不多的合规移牌方式中做出选择。在大多数情况下，选择最好的移牌方式是很简单明了的。

乌拉姆想知道，他玩这个游戏获胜的概率有多大？他的输赢取决于纸牌发牌的顺序。有些纸牌序列会赢，有些则会输。计算获胜概率的一个方法是列出所有可能的纸牌序列，然后算一下能够获胜的纸牌序列的百分比。

因为一副纸牌有 52 张牌，所以第 1 张牌就有 52 种可能（图 4.4）。发完一张牌后，一副牌中剩下 51 张牌，所以第 2 张牌有 51 种可能。因此，第 1 张牌和第 2 张牌序列的可能数量是 $52 \times 51 = 2652$。将这个计算扩展到整副牌，就是 $52 \times 51 \times 50 \times 49 \times \cdots\cdots \times 1$。计算结果等于 8 后面跟着 67 位数字。没人能玩这个游戏玩那么多次。

乌拉姆想知道这个问题是否可以简化。如果他只玩 10 次呢？他能计算出获胜局的百分比。这提示了游戏获胜的真实概率可能是多少。当

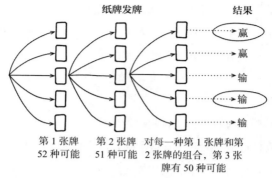

图 4.4 坎菲尔德纸牌可能的发牌方式。圈出来的结果是按照蒙特卡洛方法抽样所得的

然，只玩 10 次游戏，有出现连续获胜 10 次的可能。连胜将扭曲获胜概率的推算。如果玩 100 次呢？连赢 100 次的好运出现的可能性很小。乌拉姆得出结论，只要游戏次数相当多，通过将多次游戏的结果平均起来，他就能得到对真实获胜概率的合理估计。关键是他不需要玩无限多次的游戏。他只需要玩足够多次的游戏，就可以获得对真实概率的合理估计。[3]

尽管如此，即使是玩 1 000 次游戏也需要花很长的时间。乌拉姆意识到，可以通过编程，让计算机来玩这么多次游戏。可以对计算机编程，让它随机"发"牌，用跟乌拉姆一样的方式玩牌。有了足够多次的游戏后，获胜的百分比会是对真实获胜概率的可靠估计。

总结一下，乌拉姆算法的操作如下：

　　　把获胜计数设为零。

　　　重复以下步骤：

　　　　　取一副新纸牌。

　　　　　重复以下步骤：

　　　　　　　随机抽一张牌。

以最佳方式移这张牌。

当纸牌全部抽完后停止重复。

如果游戏赢了，那么在获胜计数上加 1。

在玩过很多次游戏后停止重复。

输出获胜局的百分比。

乌拉姆认为他的算法不仅适用于纸牌游戏，也适用于中子扩散问题。中子的运动轨迹和屏蔽材料原子的位置可以用随机数表示。可以计算出每个运动轨迹和每种屏蔽材料构象下的中子穿透距离。将大量随机试验所得结果的平均值计算出来，就可以估计出现实世界中典型的中子穿透距离。

乌拉姆向冯·诺伊曼提出了这个想法，并建议在 ENIAC 上进行中子穿透的计算。据他的同事尼古拉斯·梅特罗波利斯说：

冯·诺伊曼对该方法的兴趣极具感染力和启发性。他看似放松的态度背后，其实是他强烈的兴趣和精心掩饰的急切。

ENIAC 很快就接到了测试乌拉姆新方法的任务。大家认为计算结果"还算不错"——这是一个礼貌的自谦说法。洛斯阿拉莫斯的纸牌玩家们将这种新算法命名为蒙特卡洛方法，取自摩纳哥著名赌场的名字。[4]

1949 年，梅特罗波利斯和乌拉姆发表了第一篇关于蒙特卡洛方法的论文。[5]这种方法现已成为计算机模拟的主要方法。科学家使用该方法，通过随机抽取大量案例来估计复杂物理事件的可能结果。如今，蒙特卡洛方法已经成为物理、生物、化学、工程、经济、商业和法律等诸多领域中推测性研究的必备方法。

计算机预测

战争结束后，冯·诺伊曼回到普林斯顿高等研究院继续其学术研究（图 4.5）。他在那里发起了一个项目，按照 EDVAC 的思路建造一台新的电子计算机。它后来被称为 IAS 计算机，是冯·诺伊曼对计算机界的献礼。这台机器从 1952 年一直运行到 1958 年。更重要的是，冯·诺伊曼将 IAS 计算机的计划分发给了多个研究小组和公司。IAS 计算机成为全世界计算机的蓝图。

此外，冯·诺伊曼还思考了哪些任务可以交给计算机承担。也许是

图 4.5 数学家约翰·冯·诺伊曼与 IAS 计算机合影，1952 年［艾伦·理查兹（Alan Richards）摄。照片来自普林斯顿高等研究院谢尔比·怀特和利昂·列维档案中心（Shelby White and Leon Levy Archives Center），美国新泽西州。］

由于他在 20 世纪 30 年代对流体流动做了研究，冯·诺伊曼似乎已经了解过理查德森在数值天气预报方面的工作。在理查德森工作的启发下，冯·诺伊曼从美国海军处获得了一笔资金，建立了第一个计算机气象学研究小组。为了启动这一计划，冯·诺伊曼组织了一次会议，聚集了气象研究人员中的领军人物。该小组接受了首次由计算机进行天气预报的挑战。

其中一位名叫朱勒·查尼（Jule Charney）的研究人员加入了冯·诺伊曼在 IAS 的团队。查尼简化了气体方程的复杂性，使其易于被计算机执行。当时 IAS 计算机还没有完全准备好，所以冯·诺伊曼再次要求使用 ENIAC。

1950 年 3 月的第一个星期日，5 名气象学家来到阿伯丁的 BRL 计算天气预报。在接下来的 33 天里，气象学家和编程团队几乎昼夜不停地工作，每 8 个小时换一次班。这次天气预报计算的是北美和欧洲 1949 年 1 月和 2 月的其中 4 天。这些日期是特意选择的，因为这几天出现了重要的天气系统。天气预报预测了 24 小时内的气压变化。来自美国气象局的数据不但为预测提供了初始条件，还为预报结果的评估提供了依据。该模型基于一个 15 × 18 的矩形网格，每个单元格边长 736 千米，有 1 小时的时间步骤。对于每一次天气预报所需的 100 万次计算，ENIAC 用了 24 小时——刚好与不断变化的天气保持同步。

结果喜忧参半。对于某些特征，这次天气预报做出了准确的预测。其他方面则不正确，比如气旋的位置和形状。研究人员将误差归结为单元格过大和方程存在的局限性。尽管如此，计算机数值天气预报的概念还是得到了验证。气象学家和程序员们只需要解决掉细节问题。

理查德森终于被证明是正确的了。查尼把描述 1950 年 ENIAC 天气预报实验的终版论文的副本寄给了他。这位数值预测的先驱回复说，恭喜整个团队。理查德森略带自嘲地说，ENIAC 实验的结果是：

……建立在（他自己）一个不小的错误结果上的巨大科学进步。

　　仅仅两年后，理查德森于 1953 年去世。

　　约翰·冯·诺伊曼在经历与癌症的长期斗争后，于 1957 年去世，终年 53 岁。诺贝尔奖得主汉斯·贝特（Hans Bethe）评价道：

　　　　我有时会想，像冯·诺伊曼那样的大脑是否意味着存在一个优于人类的物种。

　　冯·诺伊曼的讣告是斯塔尼斯瓦夫·乌拉姆撰写的。

　　乌拉姆后来对原子核物理、生物信息学和数学做出了重大贡献。他在美国一系列著名大学担任教职，同时暑期在洛斯阿拉莫斯工作。乌拉姆于 1984 年在新墨西哥州的圣菲去世。

　　20 世纪五六十年代，由于算法的改进、电脑性能的进步和天气监测站数量的增加，天气预报的准确性稳步提高。一切似乎都进展顺利，直到爱德华·洛伦兹（Edward Lorenz）偶然发现理查德森方法中的一个根本性不足。

混沌

　　爱德华·洛伦兹于 1917 年出生在康涅狄格州。在加入美国陆军航空兵部队担任气象学家之前，他主修数学。他后来进入麻省理工学院（Massachusetts Institute of Technology，MIT）继续学习数学，并在那里成为一名教授。1961 年，他偶然间发现了理查德森方法存在的一个问题。

　　作为研究项目的一部分，洛伦兹在一台小型计算机上进行了一系列天气模拟。这种练习原本只是例行公事，却发生了很奇怪的事情。

洛伦兹选择重复其中一个模拟，以便更详细地检验结果。他在 1 小时后回到计算机前，将新的结果与旧的结果进行了比较。他惊讶地发现，新的天气预报跟之前的那些一点儿也不像。他自然而然地怀疑原因是计算机出了故障——这在当时是很常见的。在打电话给计算机维修人员之前，他决定对模拟的打印输出逐一进行时间步骤上的核对。一开始，新旧两次模拟的打印输出是能对得上的。一段时间后，两次模拟的数值便开始分化。随着模拟往下进行，这种差异迅速拉大。模拟每向前推进 4 天，新旧之间的差异大约就会翻倍。到第 2 个模拟月结束时，新旧输出之间看起来已经天差地别。

洛伦兹认为，计算机和程序都运行良好。这种差异源于模拟输入中的一个非常小的差异。第一次运行时，就大气层状态，洛伦兹输入的数字保留了小数点后六位。而第二次运行中，他只保留了三位。一个小数点后六位的数与其四舍五入后三位的数之间的差异是很小的。如果输入值之间的微小差异导致输出结果存在微小差异，这会比较符合人们的预期。然而事实正相反，计算过程使差值不断扩大，最终导致输出结果之间出现了巨大的差异。最关键的是，洛伦兹意识到他看到的不只是模拟的产物。这一模拟准确地模仿了现实世界的现象。

洛伦兹的偶然发现催生了一门新的科学。此后，**混沌理论**（Chaos theory）表明，许多现实世界中的物理系统对其初始条件非常敏感。[6] 初始状态的微小变化会导致后期结果出现重大差异。这个思想被概括为一个流行的称呼："蝴蝶效应"。如果条件合适，巴西一只蝴蝶扇动翅膀可能是几天后得克萨斯州一场龙卷风的唯一成因。这是一个极端的例子。然而，该思想已经证明了自己的价值。自那以后，混沌现象已经在许多现实世界的系统中被确认，包括在土星环内移动的小行星的轨道。

混沌理论为数值天气预报的时间范围设定了一个界限。对当前情况建模时的小误差可能会导致后期预测结果上的大误差。可以准确预测的时间范围看似是无法延长的，直到爱德华·爱泼斯坦（Edward Epstein）的出现。

爱泼斯坦于 1931 年出生在纽约布朗克斯。和洛伦兹一样，爱泼斯坦是在服兵役期间接触到气象学的。离开美国空军后，爱泼斯坦在多个美国大学担任研究者和讲师。在斯德哥尔摩大学担任访问学者期间，他发表了一篇论文，概述了一种可以减轻蝴蝶效应的算法。爱泼斯坦的想法提供了一种延长天气预报时间范围的方法。

理查德森提出的数值天气预测依赖于单一的模拟来预测天气。模拟从测量当前的条件开始，逐个单元格、逐个时间步骤地计算天气如何演变。爱泼斯坦的见解是将乌拉姆的蒙特卡洛方法应用于理查德森的数值模拟。

爱泼斯坦提出要运行多次模拟，而不是一次。每次模拟都以随机扰动的初始条件开始。这些初始条件是通过对观测到的大气条件施加小的随机变化或扰动产生的。由于测量存在局限性，预报员不知道当前任何单元格的天气状况。这些扰动使预报员能够尝试许多可能的情景。在模拟的最后，将多个输出结果取平均值，得到统一的最终预测结果。这个平均值把可能性的**集合**（ensemble）都考虑进去了。它们的平均值走中间路线，是考虑周全的，而且是最有可能发生的那个情景。爱泼斯坦提出的思想可以概括为：

> 测量当前的大气状况。
> 重复以下步骤：
>> 在当前条件中加入小的随机扰动。
>> 从这些初始条件开始执行数值预测。
>> 存储结果。
> 当执行了足够多次的模拟后，停止重复。
> 输出平均后的预测结果。

爱泼斯坦算法的缺点是需要大量的计算。进行 8 次蒙特卡洛模拟需要 8 倍于一次预测的计算机算力。出于这个原因，爱泼斯坦的集合预报方法直到 20 世纪 90 年代初才投入使用。如今，集合预报已经非常先进。例如，欧洲中期天气预报中心（European Centre for Medium-Range Weather Forecasts）现在是基于 51 次独立的模拟进行预测。

爱德华·洛伦兹因其在混沌理论方面的研究获得了一长串的科学奖项。爱德华·爱泼斯坦的整个职业生涯都围绕着气象学和气候建模展开。他是人为气候变化这一概念的早期倡导者。两人都在 2008 年去世。

长期预测

与 ENIAC 相似，20 世纪 50 年代的计算机都是价格昂贵、耗电量大而且不一定可靠的庞然大物。**晶体管**（transistor）和**集成电路**（integrated circuit）分别发明于 1947 年和 1958 年，它们帮助计算机实现了小型化。[7]

晶体管是一种电子开关，除了电子之外不包含任何其他可以运动的部分。它体积小，功耗低，运行可靠，速度快得令人难以置信。一组组的晶体管可以被连接在一起组成逻辑电路。这些逻辑电路可以相互连接，从而创建数据处理单元。

集成电路的发明让人们可以以不可思议的低成本制造大量的微型晶体管，以及它们之间的金属连接。每个**计算机芯片**（computer chip）内部都有一个集成电路。这些芯片就是现代计算机的物理构件。

多年来，电子工程师们不断完善晶体管设计和集成电路技术。1965年，英特尔（Intel）联合创始人戈登·摩尔（Gordon Moore）指出，他的工程团队能够使单个集成电路上的晶体管数量每 18 个月增加一倍。摩尔没有理由认为这种趋势不能延续到未来。他的预言被奉为"摩尔定律",成为该行业的路线图。摩尔定律已被证明是现代最伟大的预言之一。该定律已经有效了半个多世纪。

与摩尔的预言一致,计算机的性能呈指数级增长。尽管性能提高了,计算机的体积、成本和功耗却大幅下降。如今,一个顶级的计算机芯片包含数百亿个晶体管。摩尔定律是计算机强势崛起背后的驱动力。

2008 年,都柏林大学的彼得·林奇(Peter Lynch)和 IBM 的欧文·林奇(Owen Lynch)在一部手机上重复运行了 ENIAC 最初的天气预报。他们的程序名叫"PHONIAC",在一部普通的诺基亚 6300 型手机上运行。ENIAC 用了 24 小时来完成单个预报。相比之下,诺基亚 6300 型手机用时不到 1 秒。ENIAC 重 27 吨,而诺基亚 6300 型手机只有 91 克。这就是摩尔定律在发挥作用。

计算机技术的进步使新的算法得以发展。曾经执行起来非常耗时的算法现在已经变成了常规操作。算法研究的方式曾经看起来是纯理论的,现在完全是实用性的。新型计算设备的出现使新的应用程序成为可能,并产生了对全新算法的需求。最后但同样重要的是,计算机行业的成功使从事软件和算法开发的人数大幅增加。

因此,摩尔定律也推动了算法数量的指数级增长。

第 5 章

人工智能现身

机器不是一个会思考的存在，只是一个按照加诸它的法则来行动的自动机。

路易吉·费德里科·梅纳布雷亚和艾达·洛芙莱斯
《分析机概述》，1843 年

在 20 世纪四五十年代，计算机在本质上被看成一种快速计算器。由于成本高昂且体积巨大，计算机作为一个集中的、共享的资源而存在。**主机**（mainframe）计算机频繁进行大量重复的算术计算。人工操作员受雇作为这些新奇的精密机器的把关人，将宝贵的计算时间分配给相互竞争的客户们。主机一个接一个地运行大量的数据处理**作业**（job），不与用户发生交互。最终的大量打印结果由操作员按**批次**（batch）展示给他们心怀感激的客户。

在工业级算术的扩张过程中，个别有远见的人想知道计算机是否能做得更多。这些少数人明白，计算机从本质上来说是符号操纵机。这些符号可以代表任何信息。此外，他们认为，如果对这些符号的操纵是正确的，计算机甚至可以执行在此之前必须人类智能才能做的任务。

不只是数学

1947 年，艾伦·图灵离开国家物理实验室回到剑桥大学休假一年。在离开国家物理实验室的过程中，图灵抛弃了他的构想——自动计算机（Automatic Computing Engine，ACE）。ACE 原本应该成为英国的第一台通用计算机。然而，项目进行得并不顺利。制造这台机器极具挑战性。此外，图灵也很难共事。在他离开之后，团队继续推进。一项简单得多的设计——Pilot ACE 最终在 1950 年投入使用。

那年秋天，该小组收到了一个不寻常的请求。哈罗公学的教师克里斯托弗·斯特雷奇（Christopher Strachey）询问他是否可以尝试为 Pilot ACE 编程。斯特雷奇无疑是编程新手，尽管在 1950 年，所有人都是编程新手。

图 5.1 人工智能先驱克里斯托弗·斯特雷奇（© 牛津大学博德利图书馆和坎普希尔山庄信托基金。照片来自国家计算博物馆）

1916 年，斯特雷奇出生于一个富裕的知识分子家庭。他毕业于剑桥大学国王学院，获得物理学学位。在校第三年，他遭遇了一次精神崩溃。后来，斯特雷奇的姐姐把斯特雷奇的崩溃归因于他承认自己是同性恋。第二次世界大战期间，斯特雷奇从事雷达研发工作。此后，他进入英国最高档的公立学校之一哈罗公学任教。

斯特雷奇的请求得到了批准，于是他在国家物理实验室度过了圣诞假期中的一天，尽可能地学习有关这台新机器的所有信息。回到哈罗之后，斯特雷奇开始为 Pilot ACE 编写程序。斯特雷奇在没有任何机器可支配的情况下，用笔和纸编写出了程序，并通过想象计算机的行为来测试程序。大多数初学者是从简单的编程任务开始。斯特雷奇因为其雄心或天真，开始编写一个玩国际跳棋的程序。这当然不是一个算术任务。玩国际跳棋需要逻辑推理和预见能力。换句话说，玩国际跳棋需要智能。

那年春天，斯特雷奇听说曼彻斯特大学有一台新计算机。这个项目是由曾在布莱奇利园工作的马克斯·纽曼（Max Newman）在战争刚结束后发起的。这个曼彻斯特的宝贝比 Pilot ACE 更强大，看起来更适合斯特雷奇的工作。斯特雷奇联系了图灵，当时图灵是曼彻斯特计算机实验室的副主任。斯特雷奇在国王学院的时候就结识了图灵，他设法从图灵那里获取了一份编程手册。那年夏天晚些时候，斯特雷奇去拜访图灵，想要了解更多。

几个月后，斯特雷奇回来测试他在图灵的要求下编写的一个程序。一夜之间，斯特雷奇的成果就从手写的笔记转变成了一个可以运行的千行程序。这个程序解出了图灵设定的问题，并在完成后用计算机音响播放了英国国歌。[1] 这是由计算机播放出的第一首音乐。就连图灵也被打动了。很明显，斯特雷奇是个天生的程序员。

斯特雷奇后来被美国国家研究开发公司（National Research and Development Corporation，NRDC）聘用。NRDC 的职责是将政府部门的新技术转让给私营机构。NRDC 当时没有太多事情给斯特雷奇做，所以他继续编程。在他创造的诸多程序中，包括一个写情书的程序。

斯特雷奇的程序以一封情书模板作为输入，并从预先存储的列表中随机选择形容词、动词、副词和名词，进而写出这样一封热情洋溢的信：

> 我最亲爱的：
>
> 　　我感同身受的感情美丽地吸引你深情的热情。你是我挚爱的恋慕，我屏息的恋慕。我的感受屏息地期待着你的热切。我相思的爱恋珍惜你渴慕的热情。
>
> 你那望眼欲穿的
> M.U.C.（曼彻斯特大学计算机）

斯特雷奇把情书钉在实验室的布告栏上，这让他的同事们感到困惑。斯特雷奇的程序虽然具有异想天开的性质，但却是计算机创造力的第一缕曙光。

斯特雷奇最终在 1952 年完成了他的国际跳棋程序，并在一篇题为《逻辑或非数学程序》（Logical or Non-Mathematical Programmes）的论文中描述了它。

国际跳棋是一种双人棋盘游戏，和国际象棋一样，在 8×8 的格子上进行。棋手控制的棋子分别位于棋盘的两端，每人有 12 颗棋子（圆盘形）。一方玩白棋，另一方玩黑棋。最开始，棋子放置在离玩家最近的三行黑色方格子里（图 5.2）。玩家轮流移动一颗棋子。棋子通常会在对角线上向前移动一个方格。如果相邻的对方棋子的前方的方格没有棋子占位，那么玩家的棋子就可以向前跳过对方的棋子。一连串这样的跳格可以在一步中完成。对手所有被"跳过"的棋子都将被移出棋盘。游戏的目标是清除对手所有的棋子。开局时，棋子只能往前走。当棋子到达棋盘的另一端时，就在它上面摞一个棋子为它"加冕"。"加冕"

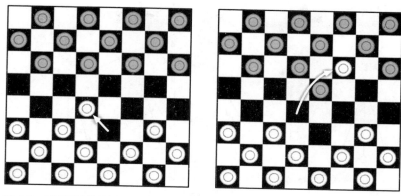

图5.2 国际跳棋棋局展示了一颗白棋的对角线走棋（左图）和跳格走棋（右图）并移除一颗黑棋

后的棋子可以沿对角线向前或向后移动。

国际跳棋比较复杂，没有什么简单的策略能保证赢得胜利。必须通过想象棋局将如何发展来评估潜在走法。一个看似不起眼的走法也会产生意想不到的效果。

斯特雷奇的算法用数字来记录棋局。轮到己方走棋时，算法会计算所有可能的下一步棋（走法平均有10种）。用棋盘游戏的术语来说，一个**回合**（move）包含两次走棋，每个玩家各走一次。单次走棋（或称半个回合）被称为**一步**（ply）。对于下一回合的每一种可能，算法都会评估对手的潜在应对方式。这个前瞻预测的动作可以应用到最多3个回合的深度。前瞻预测的结果可以可视化为一棵**树**（tree）（图5.3）。每一个棋局都是树上的一个**节点**（node），或称为分支点。从一个棋局起的每一步可能的走法都会产生一个通向下一个棋局的分支结构。前瞻预测的范围越大，树中的层就越多。对于前瞻预测结束时的节点，算法会计算每个玩家在棋盘上得以留存的棋子的数量。它以树的根部为起点，选择最优走法，该走法能为计算机在前瞻预测结束时带来最大的数值优势。

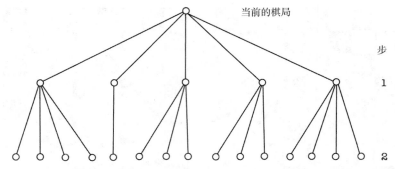

图 5.3 国际跳棋前瞻预测树的可视化。每个节点都代表一个棋局，每个分支都代表一步棋

"费兰蒂·马克 1 号"计算机是商业版的"曼彻斯特·马克 1 号"，在这台机器上每一步棋都需要一到两分钟的计算时间。即便如此，斯特雷奇的程序也算不上是一个特别出色的玩家。事后看来，该程序的前瞻预测深度不足，决策逻辑缺乏复杂性，对棋局的评估也不准确。然而，计算机只用来制霸算术的局面已经被打破了。这是**人工智能**（artificial intelligence，AI）的第一个实例。

斯特雷奇后来成为牛津大学首位计算机科学教授。不幸的是，尽管斯特雷奇是一位颇受尊敬的学者，但由于他对发表学术论文并不积极，他后来的许多工作并未得到认可。在一场突发疾病之后，他于 1975 年去世，终年 58 岁。

棋盘游戏已经成为衡量人工智能水平的标尺。其中的原因既有技术性的，也有人性化的。棋盘游戏有清晰定义的目标和规则，很符合计算机编程的要求。在任何时间点，计算机可用的选项数量都是有限的，这使问题易于处理。与人类对弈也有助于轻松地理解进步。此外，人们喜欢竞赛。一台可能击败世界冠军的机器总是会引起公众的兴趣。就连人工智能研究人员也渴望有观众。

AI 的麻烦

1955 年，约翰·麦卡锡（John McCarthy）在向洛克菲勒基金会提交的一份提案中创造了"人工智能"一词。该文件请求基金会为一个为期两个月、10 人参与的夏季研究项目提供资金，参与者包括克劳德·香农（Claude Shannon）和马文·明斯基（Marvin Minsky）等名人。麦卡锡是美国新罕布什尔州达特茅斯学院的数学助理教授，他写道：

> 就目前的目的而言，人工智能问题指的是如何让机器表现出换作是人就会被认定为"智能"的行为。

人工智能这个词流行起来了，但麦卡锡的定义却有问题。

智能有很多方面，但此刻让我们来考虑一个具体的例子。在 1940 年之前，大多数人会说下国际跳棋需要智能。玩家必须了解棋局并构想出一系列能够赢得胜利的走法。相反的是，大多数人会认同执行一个算法不需要智能。刻板地执行一个又一个明确定义的步骤是不值一提的。即使是机器也能做到。这就是问题所在。当下棋的算法未知时，玩跳棋需要智能。一旦知道了跳棋的算法，玩跳棋就不再需要智能了。

麦卡锡所定义的人工智能一直是未能解答的难题。一旦算法被知晓，解决这个问题就不再需要智能了。我们感觉智能应该是用来解决计算机无法解决的智力任务的。在某些方面，人工智能类似于舞台魔术。一旦我们知道魔术是如何做到的，它就不再是魔术了。

随着算法和计算机的进步，人类智能的边界一再被重新划定。在计算器出现之前，人们可能会说算术需要智能。在斯特雷奇之前，有人可能会说玩棋盘游戏需要智能。展望未来，人们会好奇算法与智能之间的最终边界在哪里。或许，人类智能整体而言将被证明是一种算法。

麦卡锡对人工智能的定义引发了很多困惑。外行人认为人工智能是完全成形的，相当于人类的智能。事实上，人类的智能是多方面且通用的，意思是我们的智能有很多方面的体现。我们可以学习、回忆、多任务并行、发明、应用专业知识、想象、感知、抽象等。人类的智能是通用的，因为我们可以执行各种各样的任务。我们可以做午餐，我们可以辩论，我们可以导航，我们可以做运动，我们可以修理坏掉的机器，等等。而要被称为"人工智能"，计算机只需要执行一项以前被认为需要人类智能才能完成的任务。计算机只需要能下国际跳棋就被认为拥有 AI。与人类智能类似的那种智能，其恰当的术语是"**人类级别的人工通用智能**"（human-level artificial general intelligence，HLAGI）。我们在科幻电影中看到的那种就是 HLAGI。AI 是一个科学事实，与 HLAGI 相去甚远。

麦卡锡 AI 定义的一个重要方面是，他从输出结果的角度来描述 AI。他不要求机器像人类那样解决问题。只要机器产出了比得上人类的结果，那么他就认为人工智能达到了人类智能的水平。对麦卡锡来说，运作机制并不重要。

多年来，在如何执行需要智能的任务上，计算机与人类之间的二分法引发了许多哲学上的争论。问题的关键可以用下面这个简单的疑问句来表达："机器能思考吗？"当然，答案取决于怎么定义"思考"这个词。如果思考是大脑的一个生物学过程，那么很明显，计算机不能思考。对大多数人来说，这样的要求似乎过于苛刻。为什么要用思考的生物学基础来区分思考和非思考？如果有外星人来到地球，我们会仅仅因为它们是硅基生命，而非碳基生命就认为它们不能思考吗？我认为不会。

对大多数人来说，思考的先决条件是智能加上意识。意识，即具有能自我感知的状态，允许有知觉的生物能"听到"自己在"思考"。对大多数人来说，意识是思考的核心。到目前为止，计算机当然是没有意识的。此外，我们也不知道如何让它们产生意识。思考机器还有很长的路要走。或许它们是不可能学会思考的。

麦卡锡暗示"机器会思考吗？"这个问题无关紧要。艾伦·图灵赞同道：

> 最初的那个问题——"机器会思考吗？"，我认为它太没有意义了，不值得探讨。尽管如此，我相信到 20 世纪末，无论是词语的使用还是普遍的知识观念，都将会发生很大的变化，人们将能够在谈论机器思考时不需要担心会遭到驳斥。

对于图灵来说，如果机器的行为与人类的智能无法进行区分，那么我们就可以得出结论说机器能"思考"。于他而言，机器是否真的"思考"，只对哲学家来说是重要的。

相比之下，机器是否"有感觉"这一点意义重大。如果机器有意识和情感，那么毫无疑问，我们对它负有道德责任。随着技术的进步，这样的问题会越来越重要。

麦卡锡的倡议得到了洛克菲勒基金会的批准。1955 年夏天，达特茅斯会议如期举行。这次聚会开启了人工智能这一研究领域。令人失望的是，这次会议被证明是一系列弯弯绕绕的让人们互相认识的活动。与会者在会议上进进出出，吹嘘自己的计划。很少有人能从中获得新的见解。大多数人认为那次会议没有取得多大的成就。现在回过头来看，的确有一个演讲为未来指明了方向。两名美国科学家艾伦·纽厄尔（Allen Newell）和赫伯特·西蒙（Herbert Simon）公布了一种可以执行代数运算的计算机程序。

机器推理

代数是研究包含未知值方程的数学分支。未知数用字母表示。利用代数的规则，数学家试图通过重新排列和组合方程来确定未知数的值。几千年来，操纵方程都是数学家的工作。这是算盘、计算器和早期计算机程序无法做到的。1946年，ENIAC的共同发明者约翰·莫希利写道：

> 我要指出的是，计算机器不会做代数运算，只会做算术。

达特茅斯会议召开时，纽厄尔和西蒙正在兰德公司工作。总部位于加利福尼亚州圣莫尼卡的兰德公司从过去到现在都是一家非营利研究机构。兰德公司成立于第二次世界大战后，专门为政府机构和企业进行规划、政策和决策研究。在20世纪50年代，兰德公司的头号客户是美国空军。兰德公司是研究人员的天堂——学术自由、聪明的同事、充裕的预算、不需要教学。可以认为，兰德公司的员工收到的是类似这样的指示：

> 这是一袋子钱，拿去为空军谋取最大的利益。

西蒙是密尔沃基人，比纽厄尔大11岁。到20世纪50年代，他已经是一位知名的政治学家和经济学家。他曾是匹兹堡的卡内基理工学院（Carnegie Institute of Technology，CIT）的一名教员，并在暑期到兰德公司工作。

纽厄尔在加州旧金山长大。他毕业于斯坦福大学，获得了物理学学位，然后从普林斯顿大学数学专业的更高学位退学，加入了兰德公司。

在为提高防空中心组织效率的项目工作期间，两人首次涉足计算机领域。兰德公司的计算机JOHNNIAC是基于IAS蓝图搭建的。约翰·冯·诺伊曼本人是兰德公司的客座讲师。然而，是MIT林肯实验室的奥利弗·塞尔弗里奇（Oliver Selfridge）的演讲激发了纽厄尔的想象力。在演讲中，塞尔弗里奇描述了他在图像中识别简单字母（X和O）

图 5.4 "逻辑理论家"的设计者, 艾伦·纽厄尔和赫伯特·西蒙 (图片来自卡内基梅隆大学)

的工作。纽厄尔后来回忆道:

> [那次谈话] 改变了我的人生。我的意思是, 从那个时刻起,
> 我就开始研究人工智能了。我记得很清楚——这一切都发生在那个
> 下午。

在接下来的一年里, 纽厄尔和西蒙开发了一个名为"逻辑理论家"的人工智能程序。纽厄尔从圣莫尼卡搬到匹兹堡, 以便与西蒙在 CIT 更密切地合作。由于 CIT 没有计算机, 两人在教室里召集了一组学生, 让他们模拟计算机的行为, 以此来测试他们的程序。通过在整个过程

中说出指令和更新数据，这个小组"走遍"了所有程序。经过核实后，西蒙和纽厄尔将程序通过电传传送给了圣莫尼卡兰德公司的克里夫·肖（Cliff Shaw）。[2] 肖将程序输入JOHNNIAC，并将结果送回匹兹堡进行分析。

1955年12月15日，该团队宣布"逻辑理论家"可以运行。当学校再次开学时，西蒙得意扬扬。他宣布：

> 圣诞节期间，艾伦·纽厄尔和我发明了一台会思考的机器。

"逻辑理论家"在**逻辑方程**（logic equation）上执行代数运算。逻辑方程通过**运算符**（operator）把各个变量联系起来。变量用字母表示，可以是真值，也可以是假值。最常见的逻辑运算是："="（等于）、"与"（AND）以及"或"（OR）。例如，如果我们为变量 A、B 和 W 分配以下含义：

$$A = \text{"今天是星期六"}$$
$$B = \text{"今天是星期日"}$$
$$W = \text{"今天是周末"}$$

那么我们可以写出这样的方程：

$$W = A \, X \, \text{OR} \, B$$

意思是如果"今天是星期六"为真或"今天是星期日"为真，那么"今天是周末"为真，排除了两者都为真的情况。

通过代数的方法，可以对这样的方程进行操作，从而体现变量之间新的关系。从一组初始方程得出结论的一系列运算称为**证明**（proof）。

其思想是，如果初始方程组是有效的，并且运算法则应用得当，那么结论也必然是有效的。开始的方程称为**前提**（premise），最后的结论称为**推论**（deduction）。证明提供了在给定前提下，推论有效的一步步正式的证据。例如，给定：

$$W = A \text{ } X \text{ OR } B$$

那么我们可以证明：

$$A = W \text{ AND NOT } B$$

换句话说，如果"今天是周末"为真，而"今天是星期日"为假，那么"今天是星期六"一定为真。

人类借助直觉和经验来寻找证明。"逻辑理论家"则采用一种蛮力方法来寻找证明。它对输入语句尝试所有可能的代数操作。对于得到的方程，它重复这个过程，以此类推。如果它找到了正在寻找的结论，这个过程就会终止。接下来，程序回溯并输出连接推论到初始前提的那个方程转换链，将转换链作为证据呈现给用户。

最终，"逻辑理论家"为经典教材《数学原理》（*Principia Mathematica*）中52个定理中的38个提供了一步一步的证明。实际上，"逻辑理论家"的其中一个证明比教科书版本的更为优雅。

1959年，纽厄尔、肖和西蒙推出了一项新计划。"通用问题求解者"使用了与"逻辑理论家"类似的方法。然而，正如它的名字所暗示的那样，这个新程序解决了更广泛的代数谜题，也包括几何。为了加快解题速度，"通用问题求解者"算法并不会尝试所有可能的操作。它对与期望推论相似的方程进行优先处理。这意味着它在探索无用的路径上花费的时间更少。当然，这里存在一个风险，即一个重要的推理过程被忽略了，进而永远得不到想要的结论。由于速度快，规则引导搜索或者说**启发式搜索**（heuristic search）目前被广泛使用。

纽厄尔、西蒙和肖在推理方面的研究产生了很大的影响。人工智能的一整个子领域（符号推理，symbolic reasoning）都起源于将逻辑语句处理为符号列表的概念。西蒙甚至声称"通用问题求解者"模仿了人类的推理过程。当然，人类有时通过试错得出正式的数学证明的方式与此确有相似之处。然而，人类的推理似乎比"通用问题求解者"的推理方式更直觉化，也更不严谨。

虽然从普林斯顿辍学，但纽厄尔最终在 CIT 获得了博士学位。1967年，CIT 与梅隆学院合并，成立了卡内基梅隆大学（Carnegie Mellon University，CMU）。纽厄尔和西蒙随后在 CMU 建立了世界领先水平的人工智能研究小组。1975年，他们因在 AI 和认知心理学方面的工作被授予图灵奖。3年后，西蒙因在微观经济学领域的贡献获得了诺贝尔奖，这是他的另一个研究兴趣所在。纽厄尔和西蒙在匹兹堡度过了他们的余生。纽厄尔于1992年去世，享年65岁。西蒙于2001年去世，享年84岁。

机器学习

学习能力是人类智能的核心。相比之下，早期的计算机只能存储和提取数据。学习是完全不同的东西，学习是一种基于经验改进行为的能力。孩子通过模仿大人和反复试错来学习走路。一个婴儿蹒跚学步，刚开始时步态不稳，但随着协调和运动能力逐渐提升，最终能够熟练地走路。

1956年2月24日，第一个用来展示学习能力的计算机程序在公共电视节目上公布。这个程序是由 IBM 的亚瑟·塞缪尔（Arthur Samuel）编写的。塞缪尔的程序和斯特雷奇的一样，也是玩国际跳棋。电视演示给人们留下了深刻的印象，IBM 的股价在第二天上涨了 15 个点。

塞缪尔 1901 年出生在美国堪萨斯州。在获得了 MIT 的电子工程硕士学位后，他加入了贝尔实验室。第二次世界大战后，他加入伊利诺伊大学担任教授职位。尽管这所学校没有计算机，塞缪尔还是开始研究玩国际跳棋的算法。3 年后，他加入了 IBM，终于弄到了一台真正的计算机。就在斯特雷奇发表关于国际跳棋的论文的同时，塞缪尔的游戏程序的第一个版本也运行了起来。在看到斯特雷奇的论文的那一刻，塞缪尔觉得自己的工作被抢先一步了。但仔细观察就会发现，斯特雷奇的程序在玩跳棋时比较弱势。塞缪尔相信自己能做得更好，于是继续努力。

1959 年，塞缪尔终于发表了一篇论文，描述他的新国际跳棋程序。[3]这篇文章的低调标题——《利用跳棋游戏进行机器学习的一些研究》（Some Studies in Machine Learning using the Game of Checkers）——掩盖了其思想的重要性。

塞缪尔的算法比斯特雷奇的算法更为全面。它通过一种巧妙的评分算法来实现这一点。算法对各种会用到的**特征**（feature）进行打分。特征是指任何表明一个棋局的长处或弱点的东西。其中一个特征是两个对手棋盘上棋子数量的差异。另一个是"加冕"的棋子的数量。还有一个是棋子的相对位置。战略层面的元素也被认为是特征，比如移动的自由度或对棋盘中心区的掌控程度。每个特征都有评分。给定特征的得分要乘以**权重**（weight）。将各个评分结果值加在一起，得到当下棋局的总得分。

权重决定了每个特征的相对重要性。权重可以是正的也可以是负的。正权重意味着该特征对计算机玩家有利。负权重意味着该特征降低了计算机获胜的可能性。权重越大，说明某一特征对总分的影响力越大。然而，低权重的多个特征可能结合在一起影响总体得分，从而影响最终决策。

综上所述，塞缪尔的棋局评价方法工作原理如下：

图5.5　机器学习创始人亚瑟·塞缪尔，1956 年（照片来自国际商业机器公司，©IBM）

以一个棋局作为输入。

将总分设置为零。

对每个特征重复以下步骤：

　　测量棋盘上的某个特征。

　　计算该特征的得分。

　　乘以特征的权重。

　　把计算结果加到总分中。

当所有特征都评分完成后，停止重复。

输出总分。

这种评分机制对塞缪尔的算法至关重要。分数越能准确地反映出计算机获胜的概率，程序做出的决策就越好。选择用于分析的最优特征组合很重要。除此之外，确定最佳权重分配也是必不可少的。然而，为权重找到最佳值是个很棘手的任务。

塞缪尔设计了一个**机器学习**（machine learning）算法来确定最优权重。最开始，算法猜测权重是多少。然后，计算机与它自己玩很多局游戏。程序的一个副本下白棋，另一个下黑棋。随着游戏的进行，算法会调整权重，以便计算出的分数能更准确地预测游戏的结局。如果程序获胜，对决策做出积极贡献的权重会得到一点点提升。类似地，任何起到负面作用的权重都将降低。这**强化**（reinforce）了获胜行为。实际上，这是在鼓励程序在未来以更贴近这样的风格下棋。如果输了游戏，就会发生相反的情况。这会阻止程序在接下来的游戏中以相同的方式下棋。在很多次游戏后，学习算法得以对程序的玩法做出精细的调整。

与人工选择权重相比，塞缪尔的算法具有两方面的优势。第一，计算机永远不会忘记——每一步棋都会影响到权重。第二，计算机可以与自己进行多次游戏，远远超过人类能玩的次数。因此，在学习过程当中可以获得更多的信息。

塞缪尔对机器学习的开发是颠覆性的。以前，想改变程序的行为需要手动修改指令列表。相比之下，塞缪尔的程序所做的决策是由权重控制的，权重是简单的数值。因此，程序的行为可以通过改变权重来调整。程序代码不需要修改。更改程序代码很困难，但更改几个权重数值是很容易的。这可以通过算法来实现。这个精妙的概念使学习过程的自动化成为可能。

此外，塞缪尔还加入了一个**极小化极大**（minimax）步骤来选择走法。该算法执行一个前瞻预测来生成一个包含所有可能的未来走法的树（图5.6）。在前瞻预测的结尾，计算出所有棋局的得分。在真实的游戏中，不太可能出现一些最高得分的棋局，因为它们是由对手特别糟糕的表现造成的。我们应该假设双方都能走出好棋。为了实现这一点，算法会回溯包含所有可能走法的树。程序从前瞻预测树的叶子处开始回溯。轮到自己走棋时，回溯算法会选择能够获得最高得分的走法。轮到对手走棋时，程序会选择得分最低的一着。在每个决策点上，与所选择走法相关联的分数会返回到上一节点。当这个回溯过程抵达树的根部时，程序会使走法与最高回溯分数相关联。

极小化极大步骤的运行如下：

以可能走法的树作为输入。

从倒数第二个层级开始。

对每一层级重复以下步骤：

对该层级的每个节点重复如下操作：

如果轮到计算机走棋，

那么就选择得分最高的走法，

否则选择得分最低的走法。

将极小化极大得分值复制到当前节点。

检查完这一层级中的所有节点后，停止重复。

当到达树的根部时停止重复。

输出具有最大回溯分数的走法。

想象一个简单的两层级前瞻预测树（图 5.6）。这个树包含计算机的潜在后续走法和其对手的可能应对走法。检查树的叶子（第 2 步棋层级）处的得分，以找到每个子树上的最小值。这反映了对手从自己的角度选择的最佳走法。那些最低的分数被复制到上面一层的节点（第 1 步棋层级）。于是分数 1、3、7、5、6 被放置在第 1 步棋层级的各个节点上。下一步，算法要选择得分最高的走法。这意味着计算机站在自己的立场上选择最好的走法。因此，最大值 7 被复制回树的根部。如果对手是一

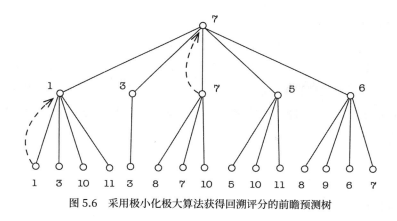

图5.6 采用极小化极大算法获得回溯评分的前瞻预测树

名优秀的棋手，那么选择走出 7 分的棋局是最好的选择。这步走法迫使对手在得分为 8、7 和 10 的位置之间进行选择。对手能做的最好的选择就是接受 7 分的这个位置。

为了高效利用可用的计算时间，塞缪尔的程序会根据一组规则（使用启发式搜索）调整前瞻预测的深度和宽度。当一个位置不稳定时，例如在跳子之前，程序会看得更长远。它不会对烂着进行深入探索。以这种方式对解题过程进行**剪枝**（pruning），可以为评估更可能出现的场景让出更多的时间。为了进一步加快处理速度，塞缪尔的程序存储了常见棋局的极小化极大分数。[4]这些分数不需要在程序运行期间重新计算，因为单纯从表里查找就足够了。

1962 年，塞缪尔的国际跳棋程序与盲人跳棋大师罗伯特·尼利（Robert Nealey）进行了一场较量。人们为计算机的获胜而欢呼，但尼利甚至都不是一个州的冠军。30 多年后的 1994 年，计算机程序终于打败了国际跳棋世界冠军。

1966 年，塞缪尔从 IBM 退休，进入斯坦福大学担任研究教授职位。他在 85 岁高龄时仍在编程，但帕金森病最终迫使他停止工作。塞缪尔于 1990 年去世。

当今世界最先进的棋盘游戏算法的雏形可以在塞缪尔 20 世纪 50 年代的工作中找到。极小化极大、强化学习和自对弈几乎是所有现代国际跳棋、国际象棋和围棋 AI 的基础。此外，正如我们即将看到的那样，在很多应用中，机器学习已被证明在处理复杂的数据分析问题时极其有效。

AI 寒冬

在 20 世纪 50 年代末和 60 年代，人们对 AI 的期望很高。在冷战军事资金的支持下，AI 研究团队蓬勃发展，最著名的是 MIT、CMU、斯坦福大学和爱丁堡大学的团队。1958 年，纽厄尔和西蒙预测在 10 年内：

> 某台数字计算机将会成为国际象棋世界冠军，除非规则禁止它参赛。[5]

4 年后，信息论创始人克劳德·香农面无表情地对着电视摄影机说：

> 我充满信心地期待，在 10 年或 15 年内，实验室里会出现一些东西，它们与科幻小说中的机器人相差不大。

1968 年，MIT 人工智能研究主任马文·明斯基预测道：

> 30 年内，我们将拥有与人类智能相当的机器。

当然，这些预测没有一个成真。

为什么那么多杰出的思想家都大错特错了？最简单的答案就是傲慢。这些人都是数学家。对他们来说，数学是智能的巅峰。如果计算机能够执行算术、代数和逻辑运算，那么更平凡的智能形式肯定很快就会产生。他们没有认识到现实世界的可变性和人类大脑的复杂性。事实证明，处理图像、声音和语言比处理方程式要复杂得多。

AI 项目的普遍失败导致资助机构和政界人士质疑这类研究的价值。英国科学研究委员会邀请剑桥大学卢卡斯数学教授詹姆斯·莱特希尔爵士（Sir James Lighthill）作为主笔，写了一篇关于 AI 的研究综述。在1973 年发表的这篇报告中，他的观点带有谴责的意味：

> 到目前为止，在该领域的任何一个分支上的发现都没有产生当年（1960 年前后）预测的那种重大影响。

英国 AI 研究的资金随即遭到大幅削减。与此同时，在越南战争的阴影下，1969 年和 1973 年的曼斯菲尔德修正案削减了美国政府的研究支出。只有直接具有军事用途的项目才会得到资金支持。

历时多年的"AI 寒冬"拉开了序幕。由于缺乏资源，AI 研究团队逐渐萎缩。

随着 AI 研究变得低迷，计算机科学转向了更实际的应用。考虑到计算机性能的局限性，一些科学家尝试开发快速算法来解决重要但需要复杂计算的问题。这种对速度的追求将催生数学领域最大的未解之谜之一。

第 6 章

大海捞针

旅途中的推销员，他应该怎样做，他必须做什么，才能确保收到订单，并在他的工作中取得愉快的成功。

——一位老推销员

《铜质标题书》，1832 年

20 世纪 70 年代，一群研究算法特性的研究人员发现了数学中最大的谜团之一。尽管他们获得了 100 万美元的奖金，但这个谜团至今仍未解开。谜团的核心是一个看似无关痛痒的问题。

旅行商问题

"旅行商问题"（the Travelling Salesman Problem）要求确定在一系列城市间旅行的最短路线。已知城市的名字和它们彼此之间的距离。要求所有的城市都必须到访一次，而且只能是一次。走访城市的顺序可以是任意的，只要旅程的起点和终点都是推销员的家乡城市就行。挑战在于如何找到总行程最短的路线。

旅行商问题最早的记录出现于 19 世纪。在那时，这是个在欧洲大陆城市之间穿梭的商务旅客要面临的实际问题。后来，这个问题被威廉·汉密尔顿（William Hamilton）和托马斯·柯克曼（Thomas Kirkman）重新表述为一个数学问题。

假设柏林是这个问题中的推销员的家乡，这名推销员必须走访汉堡、法兰克福和慕尼黑（图 6.1）。寻找最短路线的最简单方法是**穷举搜索**（exhaustive search）。穷举搜索，或称蛮力搜索，会计算每个可能的旅行路线的长度，并选择最短的那个。穷举搜索算法如下：

> 将一组城市名字构成的集合作为输入。
> 如果集合中只含有一个城市，
> 那么输出一个只包含该城市的路线，
> 否则：
>> 创建一个空列表。
>> 对集合中的每个城市重复以下操作：
>>> 创建该集合的副本，忽略掉已选择的城市。
>>> 将此算法应用于缩减后的集合。
>>> 在返回的所有路线的开端插入选定的城市。
>>> 将这些路线添加到列表中。
>> 输出所有找到的路线。

首先，将所有城市的集合（不包括家乡城市）输入算法中。家乡城市是每个路线的起点和终点，所以它不需要包含在搜索中。该算法从输入的集合中创建一个城市走访树（图 6.2）。该算法依赖于两种机制。首先，它使用了重复——算法依次选择输入集合中的每一个城市作为下一个要走访的城市。其次，它使用了递归（见第 1 章）。对于每个城市，算法调用一个自己的副本或**实例**（instance）。一个算法的实例是对该

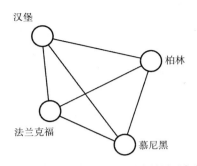

图 6.1 旅行商问题：找到走访每个城市并返回家乡的最短路线

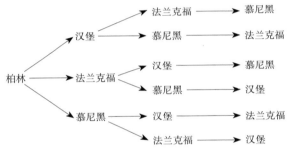

图 6.2 所有可能路线的树。每个路线都到柏林结束（未画出）

算法的另一次独立的执行，运算的数据是算法自身的数据。在这种情况下，每个实例都会在图形中创建一个新的子树。在运算完每个城市后，输入算法下一个实例层级的城市集合被缩减了。因此，算法实例要处理的城市会越来越少，直到集合中只剩下一个城市。当该情况发生时，树的叶子实例终止，返回一个只包含一个城市的路线。上一级的算法实例获取这个输出，并按相反的顺序添加选定的城市。算法通过这种方式展开，在树中向上移动的过程里创建路线。一旦所有的行程都追溯到树的根部，算法最初的实例就会终止，并输出完整的路线列表。

　　当路线列表生成后，路线的长度可以通过计算城市到城市间距离的总和来得到。

　　算法的操作可以可视化为动画。该算法从根部构造出树。从那里，它先产生最顶层的路线，一个城市接一个城市，直到到达最顶层的叶子节点。然后它回溯一级，再生长出第二个叶子节点。接下来，它回溯两级，再添加第三和第四个叶子节点。该算法继续这样来回"走动"，直到创建出整个树。最后，算法返回到根部并终止。

　　在前文提到的案例中，柏林被选择为家乡城市，因此从｛汉堡，法兰克福，慕尼黑｝的输入集合中排除。该算法的第一个实例依次选择汉堡、法兰克福和慕尼黑作为第一个城市。对于每一个选择的城市，算法都会生成一个新实例来探索子树。在选择汉堡作为第一个城市后，算法的第二个实例从集合｛法兰克福，慕尼黑｝中选择法兰克福。然后它创建第三个实例来处理剩下的城市：｛慕尼黑｝。由于现在只有一个城市：

慕尼黑。

因此它是算法返回的唯一可能路线，所以调用实例在开头附上法兰克福，生成路线：

法兰克福—慕尼黑。

接下来，同样的实例探索了另一个分支，生成路线：

慕尼黑—法兰克福。

这些不完整的路线被返回给调用实例，调用实例添加了它的选择结果，生成路线：

汉堡—法兰克福—慕尼黑；

汉堡—慕尼黑—法兰克福。

从法兰克福和慕尼黑开始的子树以类似的方式进行探索。最后输出完整的路线列表，最初的算法实例终止。

像这样的穷举搜索肯定能找到最短的路线。不幸的是，这样的蛮力搜索很慢。要算出它的速度究竟有多慢，我们需要考虑树的大小。在本示例中，路线图包含 4 个城市。这些城市是完全相互连接的，因为每个城市都与所有其他城市直接相连。因此，在离开柏林后，有三个可能的下一站。由于推销员不能回家乡或回到出发地，所以对于这三个城市中的每一个，下一站都有两种可能。在第一站和第二站之后，第三站城市就只有一种可能了。将此展开，得到可能的路线数为 $3 \times 2 \times 1 = 6$，即 3 的阶乘（3！）。

计算 6 种路线的长度是一个人力就能完成的工作。但如果有 100 个城市呢？100 个完全相互连接的城市将得到 99！种路线，大约是 9×10^{155}（9 后面跟着 155 个 0）种。现代的台式计算机根本应付不了这样的计算！对于旅行商问题而言，即使是处理看似中等大小的路线图，穷举搜索的速度也出奇地慢。[1]

虽然研究者已经找到了更高效的算法，但最快的算法并不比穷举搜索快出多少。要显著加快搜索速度，唯一的办法就是接受妥协。你必须接受这种算法找不到最短路线的可能性。到目前为止，最好的快速近似算法只能保证找到的路线长度在最短路线长度的 140% 以内。当然，妥协和近似并不总是可以接受的，有的时候必须要找到最短的可能路线。

多年来，研究人员一直在试验寻找真实的路线图中最短路线的程序。在计算机时代之初的 1954 年，最大的有已知解的旅行商问题仅包含 49 个城市。50 年后，最大的已解出路线包括 24 978 个瑞典城市。目前最前沿的挑战是一个包含 1 904 711 个城市的世界地图。这张地图上目前发现的最短路线是 7 515 772 212 千米。这个路线是凯尔德·赫尔斯冈（Keld Helsgaun）在 2013 年发现的，但没人知道这是不是最短的路线。

测量复杂度

旅行商问题的困难在于，算法需要解决计算的复杂度。计算复杂度是指执行一个算法所需的基本操作（内存访问、加法或乘法）的数量。一个算法需要的操作越多，计算所需的时间就越长。最能说明问题的方面是，随着输入元素数量的增加，操作的数量将以何种方式增加（图 6.3）。

简单直接的算法具有**恒定的**（constant）复杂度。例如，将一本书添加到一摞未分类的小说的顶部，其计算复杂度仅有一个操作。将书添加到这摞书的复杂度是固定的，不管已经有多少本书。

在满是书的书柜中找到一本特定的书需要更多次操作。如果书没有分类，图书管理员可能必须查看每一本书才能找到大受欢迎的那一本。

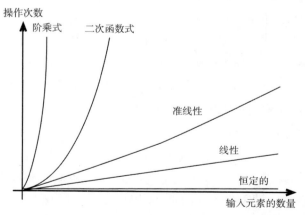

图 6.3　曲线显示了计算复杂度与算法输入数量之间的关系

往书柜里多放一本书，会使搜索遇到最差情况时的计算复杂度增加一个操作。换句话说，搜索书的复杂度与书架上书籍的数量成正比。对于这个问题，计算复杂度与书的数量成**线性**（linear）关系。

图书分类的算法还要更加复杂。插入排序（见引言）一次处理一本书。把一本书放在书架上，需要把所有已经放好了的书扫视一遍或移动一个位置。因此，插入排序的计算复杂度与图书数量的平方成正比。这意味着书的数量与操作数量之间是**二次**（quadratic）函数关系。

正如预期的那样，快速排序（见引言）的复杂度较低。快速排序根据选定的分区点字母反复将书籍分成几摞。当书摞中包含 5 本或更少数量的书时，对每一摞书进行插入排序，并将这些书摞按顺序转移到书架上。平均而言，快速排序的复杂度等于书的数量乘以书的数量的对数。由于一个变量的对数的增长速度比其本身的增长速度慢，所以快速排序的复杂度比插入排序的复杂度低。快速排序的平均计算复杂度是**准线性的**（quasilinear）。[2]

添加、搜索和排序图书的算法具有所谓的**多项式**（polynomial）计算复杂度。多项式时间算法[①]的计算复杂度与输入数量的某个恒定次幂成正比。在恒定复杂度的情况下，幂为零。对于线性复杂度，幂是 1，而对于二次函数关系的复杂度，幂是 2。多项式时间算法对于大量输入可能会很慢，但在现代计算机上，它们基本上是易于处理的。

更具挑战性的是那些具有**超多项式**（superpolynomial）计算复杂度的算法。这些方法的复杂度比多项式时间算法高。执行超多项式时间算法所需的操作的数量会随着输入数量的增加激增。求解旅行商问题的穷举搜索算法具有超多项式的时间复杂度。正如我们已看到的，所需的操作数量等于城市（不含起点城市）数量的阶乘。在路线中添加一个城市，

[①] 所谓多项式时间算法指的是运行时间具有多项式计算复杂度的算法，这样的算法的运行时间被称为多项式时间。——编者注

需要将必要的操作数量乘以地图上已经存在的城市（不含起点城市）的数量。随着城市数量的增加，这种倍增效应导致复杂度急剧增加。

研究者在降低这种算法的计算复杂度方面已经做了大量的工作。可以采用的诀窍取决于问题的各种具体情况。有时可以利用输入数据的结构来快速找到明显的解决方案或部分解决方案。在其他情况下，使用额外的数据存储可以减少操作的数量。同样的道理，一本书的索引增加了页数，但大大减少了找到给定关键字所需的时间。

很明显，对于每一个问题，都必然有一个最快的算法。关键是要如何找到它。在 20 世纪六七十年代，少数理论家开始研究算法复杂度的极限。我们现在对这一话题的了解大多都源自这些人的开创性工作。

复杂度分级

研究者根据一个计算问题已知的最快算法的复杂度来对其进行分级（图 6.4，表 6.1）。可以用多项式时间算法解决的问题称为 **P 问题** ［对应于多项式时间（polynomial time，P 时间）］，P 问题被认为是可以快速解决的。例如，排序就是一个 P 问题。

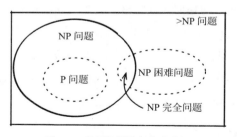

图 6.4　常见问题的复杂度分级

表 6.1　常见的复杂度分级

分级	解题时间	验证时间
P	多项式时间	多项式时间
NP	未确定	多项式时间
NP\P	> 多项式时间	多项式时间
>NP	> 多项式时间	> 多项式时间
NP 完全问题	最复杂的 P 时间	多项式时间
NP 困难问题	>NP 转换为 NP 完全时间	未确定

可以用多项式时间算法验证其解的问题称为 **NP 问题**〔对应于非确定性多项式时间（non-deterministic polynomial time，NP 时间）〕。目前没有解决 NP 问题需要的时长的定义。有些 NP 问题可以在 P 时间内解出来，其他的则不能。因为解决问题也是验证给定解决方案的一种方式，所以根据定义，P 问题也是 NP 问题。换句话说，所有 P 问题的集合是 NP 问题集合的子集。

属于 NP 但不属于 P 的问题被称为 **NP\P 问题**（NP 减去 P）。这些问题解决起来很慢，不过如果有答案（正确与否未知），那么答案验证起来会很快。数独游戏就是一个 NP\P 问题。

数独是一种在 9×9 网格上玩的日本数字谜题。在这个谜题开始的时候，有些方格里是空白的，有些方格里有数字。游戏目标是用 1 到 9 之间的数字填充每个空格。难点在于每个数字每行只出现一次，每列也只出现一次。蛮力方法会尝试所有可能的数字填充方式，其结果是蛮力搜索导致解决问题的速度很慢。它具有网格数量超多项式的计算复杂度。相比之下，验证一个已填完的网格就很快。检查程序只需要扫描行和列，以发现空白的方格和重复的数字。因此，检查过程可以在多项式时间内完成。和其他 NP\P 问题一样，数独解决起来很慢，但检查起来很快。

其他问题都是**大于 NP 问题**（>NP）。这些问题不能在多项式时间内解决或验证。它们的求解和检查程序需要超多项式时间。旅行商问题就是这样一个问题——解决它需要阶乘时间。检查答案是否为最短路线的唯一方法是再次运行求解程序。因此，验证问题的解也需要阶乘时间。解决和验证起来都很缓慢的问题是 >NP 问题。

1971 年，加拿大多伦多大学的斯蒂芬·库克（Stephen Cook）发表了一篇论文，对复杂度研究产生了重大影响。当时，库克没能在加利福尼亚大学伯克利分校获得终身教职，刚刚入职多伦多大学。库克的论文揭示了某些问题类型之间的深层关系。这篇论文引出了数学中最大的谜题之一——所谓的"P vs NP 问题"，即"能否找到一个多项式时间算法来解决所有 NP 问题？"。

这个问题的重要性显而易见。能解决所有 NP 问题的多项式时间算法将彻底改变许多应用程序。以前难以解决的问题可以很快得到解决。例如，从交通运输到制造业，我们可以制定出更高效的时间表。我们可以预测分子间的相互作用，加速药物设计和太阳能电池板的开发。

最复杂的 NP 问题被称为 NP **完全问题**（NP-Complete problem）。库克证明了如果存在一个解决 NP 完全问题的多项式时间算法，那么这个算法也可以在多项式时间内解决所有 NP 问题。换句话说，由此可以推论，一个求解 NP 完全问题的快速算法能够将所有 NP\P 问题转化为单纯的 P 问题。其结果是，NP 集合会突然等于 P 集合。

此外，库克的工作还证明了某些 >NP 问题可以在多项式时间内**转化**（transform）为 NP 完全问题。这种转化是通过处理 >NP 问题的输入，使 NP 完全算法能够完成计算来实现的。因此，找到一种能求解 NP 完全问题的快速算法，将为这些 >NP 问题提供更快的求解方法。NP 完全问题和可以经 P 时间转化为 NP 完全问题的 >NP 问题统称为 NP **困难问题**（NP-Hard problem）。用于求解 NP 完全问题的多项式时间算法，同样可以快速求解所有 NP 困难问题。

NP 完全问题备受推崇。能够解决其中任何一个问题的多项式时间算法都有可能荣获菲尔兹奖，这相当于数学领域的诺贝尔奖。

旅行商问题是 NP 困难问题。旅行商问题的一个简化版本——"旅行商决策问题"（Travelling Salesman Decision Problem），是个已知的 NP 完全问题。这个问题问的是："对于给定的路线图，能否找到比指定距离更短的路线？"验证旅行商问题的一个解需要再次求解该问题（>NP），然而验证旅行商决策问题的某个给定解却可以很快——只需简单地测量给定解的路线长度，并将结果与指定的距离进行比较。因此，求解决策问题很慢，但验证起来很快（NP\P）。NP 完全问题还包括背包装箱问题、战舰博弈问题和图着色问题。

2000 年，马萨诸塞州剑桥市克雷数学研究所（Clay Mathematics Institute）宣布，将为能解决 7 个千禧年难题的人颁发 100 万美元的奖金。[3] 这 7 个问题被选为所有数学领域中最重要的问题。"P vs NP 问题"就是这 7 个问题之一。该研究所会将该奖颁发给任何能够提供多项式时间算法来解决一个 NP 完全问题的人，或者能够最终证明不存在这种算法的人。

当今的大多数研究者认为 P 不等于 NP，也永远不会等于 NP。这一结论来自近 40 年来寻找解决 NP 完全问题的快速算法的各种失败尝试。另一方面，证明这种算法不可能存在的证据也难觅踪影。到目前为止，克雷数学研究所的这 100 万美元奖金仍无人领取。

库克于 1982 年获得了图灵奖。在授奖词中，他获奖的原因是转变了"我们对计算复杂度的理解"。加利福尼亚大学伯克利分校电子工程与计算机科学荣誉退休教授理查德·坎普（Richard Kamp）后来遗憾地写道：

> 我们没能说服数学系给他终身教职，这是我们永远的遗憾。

捷径

旅行商问题是众多**组合优化**（combinatorial optimization）问题中的一个，它要求许多固定元素以可能的最佳方式进行组合。在旅行商问题中，固定元素是城市到城市之间的距离，而"可能的最佳方式"是最短的路线。固定元素可以有无数种排列方式。我们的目标是找到唯一的、最好的那个组合。

现实中的组合优化问题比比皆是。在一个大工厂里，如何以最优方式分配员工的任务？什么样的航班日程能让航空公司的收益最大化？应该让哪辆出租车接下一位顾客才能实现利润最大化？所有这些问题都要求以最佳方式分配一组固定的资源。

正如我们在前文中看到的那样，蛮力搜索算法会尝试所有可能的组合并从中选择最好的那个。1952 年，艾兹格·迪杰斯特拉（Edsger Dijkstra，图 6.5）提出了一个快速算法，解出了世界上最常见的组合优

图 6.5　寻路算法的发明者艾兹格·迪杰斯特拉，2002 年（©2002 汉密尔顿·理查兹）

化问题。如今，他的算法运行在数十亿电子设备中。

迪杰斯特拉是荷兰的第一位专业程序员。1951年，在英格兰完成一项编程课程后，他在阿姆斯特丹的数学中心（Mathematical Centre）获得了一份计算机程序员的兼职工作。不太方便的是，数学中心没有任何计算机。这一方面是因为缺乏资金，另一方面是因为那时还是计算机发展的起步阶段，数学中心的计算机尚在建造中。迪杰斯特拉在数学中心做兼职的同时，也在莱顿大学学习数学和物理。3年后，他觉得自己无法同时兼顾编程和物理。他必须在两者之间做出取舍。他热爱编程，但对于一个严肃的年轻科学家来说，这算是一个体面的职业吗？迪杰斯特拉去见了计算部主任阿德里安·范·维杰加登（Adriaan van Wijngaarden）。范·维杰加登也认为编程本身暂时算不上一门学科。然而，范·维杰加登充满信心地预测，计算机将会一直存在，一切才刚刚开始。⁴迪杰斯特拉就不能是把编程变成一门受人尊敬的学科的人之一吗？一小时后，当迪杰斯特拉离开范·维杰加登的办公室时，他的人生道路已经确定。他以最快的速度完成了物理学业。

一年过去了，迪杰斯特拉陷入了另一个窘境。数学中心将迎来一批重要的客人。他们参观的重点是数学中心现在正在运行的计算机。迪杰斯特拉被要求演示这台机器的性能。由于他的客人们对计算机知之甚少，迪杰斯特拉决定他的演示应该专注于一个实际应用。他突然想到可以写一个程序来确定两个荷兰城市之间的最短行车路线。虽然他对这个概念感到满意，但仍然存在一个困难。能找到两个城市之间最短路线的快速算法还不存在。

一天早上，他和未婚妻出去买东西，在一家咖啡馆前停了下来。在露台上喝咖啡期间，迪杰斯特拉在大约20分钟内发明了一种高效的寻路算法。又过了3年他才抽出时间发表了这项研究。它看起来并不是那么重要。

迪杰斯特拉算法类似于玩棋盘游戏。它通过在路线图上的城市之间移动一个标牌来找到最短的路线。当标牌在地图上移动时，城市会被标注上标牌所走的路线和从起点到该城市的累计距离。当标牌离开一个城市时，该城市的名字会从要访问的城市列表中被移除，这样标牌就不会返回该城了。

首先，把标牌放置在起点城市上。在旁边写下城市的名字和标牌走过的距离，距离此时为零。然后考虑每一个直接相连的城市。计算出从起点到这些城市的距离。计算是这样实现的：将标牌旁边的数字加上从标牌所在城市到直接连接的城市的距离。如果一个城市已经被标注过，并且标注的距离小于这个计算值，那么现有标注值就保持不变。如果新计算的值小于已经标注的距离，则替换掉原标注值。把这个新的距离和标牌走过的路线一起记录下来。标牌旁边的城市的列表就是所走的路线，最末位的是新城市的名字。当对所有直接连接的城市执行了这些步骤后，将标牌移到标注距离数值最小且尚未访问的城市。将这个过程——检查和更新直接连接的城市并移动标牌——重复进行，直到标牌到达期望的目的地。

想象一下迪杰斯特拉算法在一张荷兰路线图上运行（图 6.6）。假设出发地是阿姆斯特丹，目的地是艾恩德霍芬。首先，标牌被放置在阿姆斯特丹。首都阿姆斯特丹的标注为：

阿姆斯特丹 0。

海牙和乌得勒支与阿姆斯特丹直接相连，因此标注如下：

阿姆斯特丹—海牙 60；
阿姆斯特丹—乌得勒支 50。

到乌得勒支的总距离最短，所以标牌被移到那里。然后考虑与乌得

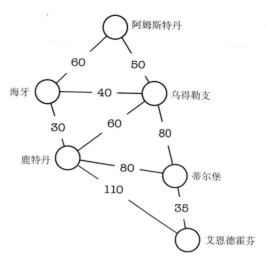

图 6.6 寻路问题要求找出两个城市间最短的路线。这张路线图以千米为单位，显示了荷兰主要城市之间的距离

勒支直接相连的城市。因此，蒂尔堡和鹿特丹被标注为：

<blockquote>
阿姆斯特丹—乌得勒支—蒂尔堡 50+80 = 130；

阿姆斯特丹—乌得勒支—鹿特丹 50+60 = 110。
</blockquote>

海牙和阿姆斯特丹的标注没有更新，因为从阿姆斯特丹经乌得勒支到两城的距离（分别为 90 和 100）大于已经记录的路线（60 和 0）。

标牌接下来被移到海牙，因为海牙是目前为止累计距离最短的城市（60）。从阿姆斯特丹经海牙到鹿特丹的路程比上次从乌得勒支到鹿特丹的路程更短。因此，鹿特丹的标注被更新为：

<blockquote>
阿姆斯特丹—海牙—鹿特丹 60+30 = 90。
</blockquote>

标牌现在被移到鹿特丹。直接连接的城市艾恩德霍芬随后标注为：

阿姆斯特丹—海牙—鹿特丹—艾恩德霍芬 90+110 = 200。

到蒂尔堡的路线（经由鹿特丹，170）比当前标注（经由乌得勒支，130）更长，所以蒂尔堡的标注不更新。

到目前为止，尚未访问且累计距离数值最小的城市是蒂尔堡，所以标牌移到那里。从阿姆斯特丹经由蒂尔堡到艾恩德霍芬的总距离为165，比目前标注的距离数值（经由鹿特丹，200）更小，因此艾恩德霍芬的标注被替换为：

阿姆斯特丹—乌得勒支—蒂尔堡—艾恩德霍芬 165。

标牌被移到艾恩德霍芬，算法完成。最短路线为阿姆斯特丹—乌得勒支—蒂尔堡—艾恩德霍芬，总距离为 165 千米。

用时间代替距离可以让迪杰斯特拉算法找到最快的路线，而不是最短的路线。

迪杰斯特拉算法之所以重要，有这样几个原因。第一，它保证能找到最短的路线。第二，算法速度很快。它精简了繁杂的搜索，避开了糟糕的解，把算力集中在好的解上。第三，寻路问题无处不在。世界上的每一个人和每一辆车都必须导航。

迪杰斯特拉算法很快在计算界流行起来。1968 年，加州斯坦福研究院（Stanford Research Institute, SRI）的三名研究人员强化了这个算法。这些研究人员是"机器人沙基"（Shakey the Robot）团队的成员。机器人沙基是第一个具有推理能力的通用移动机器人。以今天的标准来看，沙基很笨重，本质上就是一个大盒子，里面装着一个装在动力轮子上的小计算机。它尖尖的金属"头"支撑着一个大型摄像机和一个超声波测距仪。《生活》杂志甚至称沙基为"第一个电子人",现在看来这很是荒谬。

由于沙基是可移动的,所以它需要能够导航。在整合此功能时,开发团队发现了迪杰斯特拉算法的一个低效之处。该算法偶尔会浪费时间将标牌转移到远离最终目的地的城市。这些城市看起来很有前景,因为它们与被标牌标记的城市有更短的连接。然而,它们把算法引向了错误的方向,这些城市最终也会被算法剔除。为了弥补这一缺陷,彼得·哈特(Peter Hart)、尼尔斯·尼尔森(Nils Nilsson)和伯特伦·拉斐尔(Bertram Raphael)提出了 A*(A 星)算法。A* 使用了一个修改后的距离度量。在迪杰斯特拉的原始算法中,度量是已经移动的距离。在 A* 中,度量是到目前为止所走的距离加上从当前城市到最终目的地的直线距离。迪杰斯特拉算法只考虑到目前为止的路线,而 A* 还估计了从起点到终点的完整路线的长度。因此,A* 不倾向于让标牌去那些把标牌从目的地带偏的城市。

如今,从卫星导航到智能手机,地球上所有的导航应用程序都在使用 A* 算法的变体。为了提高准确性,道路交叉路口取代了城市,但原则保持不变。我们后面会看到,迪杰斯特拉算法的衍生算法现在如何被用于通过互联网路由数据。

为了实现范·维杰加登的预言,迪杰斯特拉继续对计算机科学这个不稳定的新兴学科做出了一系列重大贡献。最值得注意的是,他发明了**分布式计算**(distributed computing)的算法,即多台计算机协同运行解决计算复杂度很高的问题。为了表彰他的工作,1972 年的图灵奖颁给了迪杰斯特拉。

稳定的婚姻

路线图并不是组合优化问题的唯一体现。匹配问题寻求以最佳方式配对对象。一个典型的匹配问题是将有希望的大学申请人与可供申请的课程进行配对。我们面临的挑战是，如何以一种既公平又能让尽可能多的学生和大学满意的方式为高中毕业生分配课程。与其他组合优化问题一样，随着对象数量的增加，匹配变得困难。即使是面对中等数量的学生，也必须使用快速算法。

关于配对的开创性论文是由大卫·盖尔（David Gale）和劳埃德·沙普利（Lloyd Shapley）在 1962 年发表的。两人在新泽西州的普林斯顿大学建立了友谊，他们都在那里攻读数学博士学位。从普林斯顿大学毕业后，盖尔加入了位于罗得岛的布朗大学，而沙普利则去了兰德公司。盖尔和沙普利的论文解决了一个由来已久的问题，即为单身人士匹配婚恋对象。

"稳定婚姻问题"（Stable Marriage Problem）寻求的是让男性和女性配对结婚。一开始，女性参与者根据自己的喜好对所有男性进行排名（第 1 名、第 2 名、第 3 名等），反之亦然，男性也对女性进行排名。问题的目标是让参与者以一种让婚姻稳定的方式配对。如果不存在一男一女对彼此的偏爱超过他们各自对自己配偶的偏爱，那么他们与其配偶的组合就被认为是稳定的。否则，他们和他们的配偶就可能会离婚。

盖尔和沙普利的论文提出了一个非常简单的算法来解决稳定婚姻问题。事实上，它是如此简单，以至于作者们根本就没有办法发表它。在论文中，盖尔和沙普利使用稳定婚姻问题作为现实世界中一系列**双向**（two-way）匹配问题的代表。"双向"指的是双方都有自己的偏好，而不仅仅是一方有。盖尔-沙普利算法迅速成为实际上的双向匹配方法。该算法至今仍被广泛应用于各种实践场景中，包括为危重病人匹配器官捐赠者。

盖尔-沙普利算法在连续的多个回合中匹配男性和女性。在每一轮匹配中，所有单身男性都要求婚一次。（为了简单起见，本文假设参与者是异性恋，求婚者是男性。事实上，女性同样可以求婚——这对算法来说无关紧要。）每一位单身男性都会向他最喜欢的且之前没有拒绝过他的女性求婚。如果被求婚的女性还没有订婚，她会自动接受求婚。如果她已经订婚了，那么她会比较自己对新追求者和对自己的未婚夫的偏好。如果她更喜欢她的新追求者，她就会抛弃她的未婚夫，并与她的新情人订婚。如果她更喜欢她的未婚夫，她会拒绝潜在闯入者的求爱。一旦她做出了决定，算法就会继续关注下一位未婚男性。当所有未婚男性都求过婚后，算法就会进入下一轮匹配。在这个阶段，一个被抛弃的未婚夫可以自由地向其他人求婚。当所有参与者都完成订婚时，算法就结束了。

假设有 6 个朋友——3 位男性和 3 位女性——住在纽约靠近中央公园的两套公寓里，仅隔着一条走廊。为了谨慎起见，我们称他们为亚历克斯、本、卡洛斯、黛安娜、埃玛和菲奥娜。大家互相都认识，所有人都是单身，他们都有结婚的念头。当被问及婚姻偏好时，他们的陈述见表 6.2。

表 6.2　婚姻偏好表

偏好	亚历克斯	本	卡洛斯	黛安娜	埃玛	菲奥娜
第 1 名	黛安娜	黛安娜	黛安娜	本	本	卡洛斯
第 2 名	埃玛	菲奥娜	菲奥娜	亚历克斯	亚历克斯	亚历克斯
第 3 名	菲奥娜	埃玛	埃玛	卡洛斯	卡洛斯	本

在第一轮匹配中，亚历克斯向黛安娜求婚。黛安娜接受了，因为她现在单身。接下来，本向广受欢迎的黛安娜求婚。由于黛安娜更喜欢本而不是亚历克斯，所以她抛弃了后者，接受了本的求婚。卡洛斯也向黛安娜求婚，但被断然拒绝。在第二轮匹配中，亚历克斯和卡洛斯是单身。亚历克斯向埃玛求婚，这是他求婚列表上的第 2 名。埃玛到目前为

止还没有伴侣，所以她默许了亚历克斯的求爱。卡洛斯向菲奥娜求婚，菲奥娜答应了，因为她现在还没有订婚。就是这样。现在每个人都订婚了——亚历克斯和埃玛、本和黛安娜、卡洛斯和菲奥娜。所有的婚姻都很稳定。埃玛更喜欢本，但她无法拥有本，因为本宁愿与黛安娜——他的准妻子——结婚。同样，亚历克斯和卡洛斯对黛安娜有单相思，但黛安娜准备嫁给她的理想男人——本。菲奥娜很开心地和她的头号人选卡洛斯订婚了，尽管卡洛斯也喜欢黛安娜。

作为一种安排约会的方法，盖尔-沙普利算法是残酷的——看看所有这些拒绝！然而，也有人会怀疑，人类在寻找伴侣时是否真的会从直觉上遵循类似于盖尔-沙普利算法的思想过程。在现实生活中，明确的求婚和坚定的答复变成了隐秘的微笑、渴望的眼神、通过朋友的询问和礼貌的拒绝。有相似之处，也有不同之处。事实上，人的偏好会随着时间的推移而演变。分手的情感代价意味着个人不愿做出重大改变。尽管存在这些矛盾，一些线上婚恋机构现在还是使用盖尔-沙普利算法来匹配客户。

美国住院医师匹配计划（National Residency Matching Program，NRMP）每年都会开展世界上规模最大的匹配活动之一。该计划将医学院毕业生与美国各地医院的实习机会进行配对。目前，该项目每年为 4.2 万名毕业生申请者提供 3 万个医院职位。1952 年创立时，NRMP 采用了之前一家票据清算所的匹配算法。波士顿池（Boston Pool）算法被 NRMP 一用就是 40 年。[5] 20 世纪 70 年代，人们发现波士顿池算法实际上和独立开发的盖尔-沙普利算法是一样的东西。这对著名的数学家-经济学家组合做出这项发明比不知名的波士顿池团队晚了超过 10 年，这相当令人尴尬。当然，前者的学术论文包含了正式的证明，而波士顿池算法是专门针对票据清算写的。

20 世纪 90 年代，著名经济学家、数学家阿尔文·罗斯（Alvin Roth）参与了对 NRMP 匹配算法的改进。随着时代的发展，罗斯的新方法允许从医的夫妻寻求同城工作。它还力求防止不怀好意的申请者利用系统为自己谋利。与波士顿池算法不同，罗斯的技术依赖于单向匹配，即只考虑申请人的偏好。

沙普利和罗斯因为他们在**博弈论**（game theory）领域的研究于 2012 年被授予诺贝尔经济学奖。博弈论是数学的一个分支，研究聪明决策者之间的竞争与合作。沙普利被广泛认为是一位伟大的理论家，他为罗斯关于市场如何运作的实践性研究奠定了基础。他们的诺贝尔奖授奖词强调的贡献之一是盖尔-沙普利算法。盖尔于 2008 年去世，因此无法获得诺贝尔奖。沙普利于 2016 年去世，享年 92 岁。罗斯继续在斯坦福大学和哈佛大学工作。

人工演化

20 世纪 60 年代，约翰·霍兰（John Holland，图 6.7）采用了一种激进的方法来解决组合优化问题。奇特的是，他的算法有 40 亿年的历史！[6]

图 6.7　首个遗传算法的设计者约翰·霍兰（© 圣菲研究所）

1929 年，霍兰出生于印第安纳州的韦恩堡。和迪杰斯特拉一样，霍兰在学习物理时对计算机编程产生了浓厚的兴趣。在 MIT，他为旋风（Whirlwind）计算机编写了一个程序。旋风计算机由美国海军和空军资助，是第一台采用屏幕显示的实时计算机。这台机器被设计用于处理雷达数据，并提供飞机和导弹来袭的早期预警。在 IBM 从事了短暂的编程工作后，霍兰来到密歇根大学攻读硕士学位，随后又获得了通信科学的博士学位。"计算机科学"这个词在几年之后才开始流行起来。霍兰的博士导师是亚瑟·伯克斯，他在 1946 年向媒体演示了 ENIAC。[7]

在大学图书馆浏览图书时，霍兰偶然发现了罗纳德·费希尔（Ronald Fisher）1930 年出版的一本老书——《自然选择的遗传学理论》（*The Genetical Theory of Natural Selection*）。这本书运用数学来研究自然演化。[8]霍兰后来回忆道：

> 那是我第一次意识到大家可以对演化进行重要的数学研究。这个想法非常吸引我。

受到启发后，霍兰决定在计算机中复制演化的过程。整个 20 世纪 60 年代和 70 年代，他都在探究这一独特的想法。霍兰坚信自己在研究非常重要的东西，他在 1975 年写了一本书，书中详细介绍了他的发现。书的销量令人失望，科研界对此不太感兴趣。

大约 20 年后，霍兰在科普期刊《科学美国人》（*Scientific American*）上发表了一篇关于**遗传算法**（genetic algorithm）的文章。同年，他的书的第二版也出版了。最终，遗传算法破圈进入计算研究的主流。霍兰这部长期被忽视的著作现在已经被 6 万多本书和科学论文引用（作为正式的参考文献）。以学术标准衡量，这个被引次数是巨大的成功。

自然演化通过 3 种机制使物种适应其环境——**选择**（selection）、**遗传**（inheritance）和**突变**（mutation）。这个过程作用于生活在野外环境的物种。虽然一个物种中的个体有许多共同的特征，但不同的个体之间存在差异。有些特征有利于生存，而有些则不利于生存。选择指的是具有有利特征的个体更有可能存活到成年并繁殖后代。遗传是指子代表现出与其父母相似的生理特征的倾向。因此，幸存者的后代往往具有相同的有利特征。突变是遗传给子代的遗传物质发生随机变化的现象。根据染色体受到影响的部分的差异，突变可能对生命体没有影响，可能影响有限，也可能造成极端的改变。经过许多代繁衍后，选择和遗传意味着一个种群将倾向于拥有更多带有利于生存和繁殖特征的个体。突变就像一副牌中的王牌。大多数情况下，它对种群没有影响。但有的时候，它会为某种极为有利的改变埋下种子。

胡椒蛾是自然演化中的经典案例。这个名字取自这种昆虫斑驳的翅膀——翅膀上的图案看起来就像撒在白纸上的黑胡椒。这种昆虫的外表是一种伪装，使以它们为食的鸟类很难从当地树木的树皮上发现它们。在 18 世纪的英国，胡椒蛾的颜色主要是灰白色的。奇怪的是，到了 19 世纪末，大城市里几乎所有的胡椒蛾都是黑色的。在一个世纪的时间里，英国城市里的胡椒蛾种群的颜色变了。

很明显，是工业革命促成了这种变化。化石燃料的快速开采促进了大量工厂的兴建，它们释放出大量的烟灰。树皮、墙壁和灯柱逐渐变黑。灰白色的蛾子变得更容易被捕食者发现和捕食。而黑色的蛾子却可以更好地生存，并把它们的天然伪装色遗传给了它们的后代。随着时间的推移，种群数量的平衡向有利于黑色蛾子的方向转变。

霍兰认为人工演化可以用来解决组合优化问题。他的想法是，可能的解可以被视为群体中的个体。他从遗传学得到启示，提出每个解都可以用一组字母来表示。例如，为了解决旅行商问题，路线可以用城市名字的第一个字母来表示：BFHM。他认为这个序列类似于生命体的染色体（或者说 DNA）。

霍兰的遗传算法作用于这些"**人工染色体**"（artificial chromosome）

组成的人工染色体池。⁹ 对每一个人工染色体进行评估，弃去性能最差的那些，以此来实现选择。通过混合字母序列来创造下一代染色体，以此来模拟遗传。通过随机替换少量染色体中的字母来模拟突变。通过重复这3个过程来产生一代又一代的染色体，直到最终在种群中能够确定一个可接受的解。

经过许多代后，这3种机制的协同作用提高了优良解在群体中的占比。选择引导着算法去寻找更好的解。遗传以意想不到的方式糅合了有希望的答案，从而产生新的候选解。突变则提高了群体的多样性，开辟了新的可能性。

霍兰的算法总结如下：

随机产生一群染色体。
重复以下步骤：
评估每条染色体的性能。
弃去性能最差的染色体。
随机配对存活的染色体。
每对染色体交配产生两个子代染色体。
把子代染色体添加到群体中。
随机改变一小部分染色体。
在达到指定的代数之后，停止重复。
输出表现最佳的染色体。

著名生物学家理查德·道金斯（Richard Dawkins）在他的一本书中提到，他曾使用某个遗传算法破解了一条秘密信息。道金斯直接用染色体^①作为对秘密信息的一种猜测。他将每条染色体与秘密信息加以比较，

———————————

① 此处的染色体就是霍兰遗传算法中的人工染色体。——编者注

以此实施选择。目前还不清楚道金斯的**适应度函数**（fitness function）是怎样的，但很可能他的程序为每条染色体都计算了一个分数。也许在正确位置上的正确字母得分为 +2 分，错误位置上的正确字母得分为 +1 分，错误的字母得分为 0 分。弃去分数最低的染色体。得分最高的染色体之间通过**交叉**（crossover）的方式进行交配。交叉通过交换父母的染色体片段来产生后代的染色体。在染色体内随机选择一个点位。第 1 个子代的染色体在选择的点位之前复制父亲的染色体，在点位之后复制母亲的染色体。第 2 个子代的染色体在点位之前复制母亲的染色体，在点位之后复制父亲的染色体。例如，如果父母的染色体是：

ABCDEF 和 LMNOPQ。

交叉点是第 3 个字母，那么子代染色体的字母顺序就是：

ABCOPQ 和 LMNDEF。

道金斯在一台计算机上运行了他的遗传算法。起初，染色体是随机的字母序列。经过 10 代之后，他报告说群体中得分最高的染色体是：

MDLDMNLS ITPSWHRZREZ MECS P。

经过 20 代之后，得分最高的是：

MELDINLS IT ISWPRKE Z WECSEL。

经过 30 代之后是：

METHINGS IT ISWLIKE B WECSEL。

经过 41 代之后，算法发现了这个秘密信息：

METHINKS IT IS LIKE A WEASAL。（我觉得它像一只黄鼬。）

道金斯这个例子的不寻常之处是，他通过将染色体的字母与秘密信息进行比较，直接评估染色体。为了解决现实世界中的问题，染色体通常控制着一个解的构建，构建出的解随后会被评估。例如，霍兰利用染色体来控制模拟商品市场的计算机程序的行为。他所利用的染色体逐渐发展到了制造投机泡沫和金融危机的地步，尽管最初它们并不是被编程来干这些的。

美国国家航空航天局（National Aeronautics and Space Administration，NASA）曾经利用遗传算法为一次太空任务设计过无线电天线。这一次，染色体控制的是天线的形状。通过计算天线对入射无线电信号的灵敏度来评估染色体的适应度。2006 年，NASA 太空技术 5 号任务中采用了一个演化出来的 X 波段天线。

1967 年，霍兰被任命为密歇根大学计算机科学与工程学教授。除了发明遗传算法外，他还对复杂性和混沌理论做出了重大贡献。很不寻常的是，他还成了心理学教授。

2015 年，霍兰去世，享年 86 岁。圣菲研究所主席大卫·克拉考尔（David Krakauer）这样评价他：

> 约翰的独特之处在于，他从演化生物学中汲取灵感来改善计算机科学中的搜索和优化，然后利用他在计算机科学中的发现让我们重新思考演化动力学。能在两种学科阵地之间进行这种严谨的转换，是深邃思想的一个特征。

虽然遗传算法仍然很受欢迎，但它们通常不是解决给定优化问题的最高效方法。当我们并不知道如何将好的解组合在一起时，遗传算法的工作效率最高。遗传算法在随机置换的驱动下盲目地在设计空间中探索。由于遗传算法易于编程，因此研究人员通常就让计算机用遗传算法来完成工作，而不是花费宝贵的时间发明一种新的快速搜索算法。

当霍兰在密歇根研究他的遗传算法时，美国国防部一个不知名的机构正在播下计算革命的种子。受到冷战的刺激，在两位远见卓识者的指导下，美国开始将其计算机网络连通起来。这一行动将在未来产生深远的影响。在这个过程中，它激发了一种新形式的炼金术——算法与电子技术的融合。

第 7 章

互联网

设想［……］一个"思考中心"，它融合了当今图书馆的各种功能，这似乎是一个合理的构想。

这种构想可以顺理成章地扩展为由这种中心形成的一个网络，中心通过宽带通信线路相互连接，通过电线租用服务与个人用户连接。在这样一个系统中，计算机的速度将得到平衡，巨量内存和复杂程序的成本将根据用户数量均摊。

J. C. R. 利克里德（J. C. R. Licklider）

《人机共生》（*Man-Computer Symbiosis*），1960 年

1957 年 10 月 4 日，苏联向地球轨道发射了世界上第一颗人造卫星。"斯普特尼克 1 号"（Sputnik 1）是一个包裹在直径仅 60 厘米的金属球体中的无线电发射器。4 根无线电天线被固定于球体的中部。在 21 天的时间里，"斯普特尼克 1 号"一直在发出它那独特的"哔–哔–哔–哔"的信号。当卫星从其头顶上方经过时，世界各地的无线电接收器都会接收到它的信号。"斯普特尼克 1 号"当时轰动一时。突然间，太空成了新的前线，而苏联抢在了西方的前面。

美国总统德怀特·D. 艾森豪威尔（Dwight D. Eisenhower）下定决

心，美国绝不能在技术霸权的竞争中再屈居第二。为此，艾森豪威尔设立了两个新的政府机构，美国国家航空航天局负责对太空开展探索与和平开发，它的恶毒兄弟——高级研究计划署（Advanced Research Projects Agency，ARPA）则受命资助突破性军事技术的发展。ARPA 是军方与各研究组织之间的中介。

冷战在召唤。

阿帕网

1962 年，ARPA 的信息处理技术办公室（Information Processing Techniques Office，IPTO）成立。IPTO 的职责是资助信息技术（也就是计算机和软件）的研究和开发。办公室的首任主任是 J. C. R. 利克里德（图 7.1）。

利克里德生于 1915 年，来自圣路易斯。他很受欢迎，大家都昵称

图 7.1　计算机网络梦想家 J. C. R. 利克里德（照片来自 MIT 博物馆）

他为"利克"。利克始终保留着他的密苏里口音，在大学里，他学习了物理学、数学和心理学，这种学科组合不同寻常。他从罗切斯特大学获得了心理声学博士学位，该学科研究的是人类对声音的感知。之后他进入哈佛大学工作，再后来加入 MIT 担任副教授。在 MIT，利克里德第一次对计算机产生了兴趣。据传，他有解决技术问题的天赋，甚至在这方面是个天才。他把这新发掘的激情带到了 ARPA 的职位上。

利克里德撰写了一系列颇有远见的论文，提出了一些新的计算机技术。他在《人机共生》一书中提出，计算机应该更多地与用户互动，实时响应用户的请求，而不是按批打印结果。1963 年，他提议建立一个"星际计算机网络"（Intergalactic Computer Network），使多台计算机能够隔着很远的距离也可以进行协同运行。他在 1965 年出版的《未来的图书馆》（*Libraries of the Future*）一书中提出，纸质书应该被能接收、显示和处理信息的电子设备所取代。他在 1968 年与他人共同发表了一篇论文，其中设想了使用联网的计算机来作为人与人之间的通信设备。在利克里德创造力爆发的 10 年间，他预言了个人电脑、互联网、电子书和电子邮件的出现。他的想象远远走在了现实的前面。他的著述勾画出了一个个宏伟愿景，引得其他人为之努力。

第一步是 MIT 的 MAC（Multiple Access Computing，多路接入计算）项目。在那之前，计算机只能有一个用户。MAC 项目构建了一个系统，在这个系统下，一台主计算机可以被多达 30 个用户同时使用。每个用户都有自己的专用**终端**（terminal），包括一个键盘和一个屏幕。计算机在用户之间切换算力，给每个用户一种错觉，认为这是一台他们独立支配但功能不那么强大的计算机。

利克里德离开 ARPA 两年后，鲍勃·泰勒（Bob Taylor）于 1965 年出任 IPTO 主任。泰勒出生于 1932 年，来自达拉斯，此前曾在 NASA 工作。和利克里德一样，泰勒的背景是心理学和数学。不同寻常的是，作为一家研究资助机构的高管，泰勒没有博士学位。利克里德是一个有想法的人，而泰勒则有一种实现技术突破的不可思议的本事。接下来的 30 年间，泰勒把利克里德的设想变成了现实。

泰勒对计算机网络的热情诞生自纯然的受挫。他在五角大楼的办公室里有 3 台计算机终端。每个终端都连接到不同的远程计算机——一台在 MIT，另一台在圣莫尼卡，还有一台在伯克利。这几台计算机没有以任何形式相互连接。为了将信息从一台计算机传递到另一台计算机上，泰勒必须在后者的终端上再输入一遍。他后来回忆道：

> 我说，天哪，该怎么做显而易见。如果你有这样的 3 个终端，就需要有一个可以去你想去的任何地方的终端。

在泰勒的要求下，IPTO 的项目经理拉里·罗伯茨（Larry Roberts）编制了一份建造计算机网络的询价书。这个新网络被称为阿帕网（ARPANET）。最初，阿帕网将连接 4 个站点，并且能够扩展到 35 个站点。马萨诸塞州剑桥市的博尔特、贝拉尼克和纽曼科技公司（Bolt, Beranek, and Newman Technologies，BBN）最终中标。

1969 年 10 月 29 日，"阿波罗 11 号"登月的 3 个月后，查利·克兰（Charley Kline）在阿帕网上发送了第一条信息。克兰是加利福尼亚大学洛杉矶分校（University of California, Los Angeles，UCLA）伦纳德·克兰罗克（Leonard Kleinrock）团队[1]的一名学生程序员。他的意图是向位于 400 英里外 SRI 的一台计算机发送"登录"（LOGIN）指令。然而，在接收到第 2 个字符后，系统崩溃了。结果，在阿帕网上发送的第一条信息变成了不祥的片段"LO"。大约 1 个小时后，系统重新启动，克兰又试了一次。这一次，登录指令成功了。

阿帕网是最早使用**分组交换**（packet-switching）的网络之一。这项技术是由保罗·巴兰（Paul Baran）和唐纳德·戴维斯（Donald Davies）各自独立发明的。巴兰是一名波兰裔美国电气工程师，他在 1964 年为兰德公司工作时发表了这个想法。戴维斯是图灵 ACE 项目的资深成员，他在伦敦 NPL 工作时也提出了类似的想法。正是戴维斯创造了"分组"和"分组交换"这两个术语来描述他的算法。戴维斯后来加入了一个团队，这个团队后来搭建了世界上第一个分组交换网络——1966 年的小型马克 1 号 NPL 网络。

分组交换（图 7.2）解决了在计算机网络中高效传输讯息的问题。想象一个由 9 台计算机组成的网络，它们通过电缆进行物理连接，电缆中传输电子信号。为了降低基础设施成本，每台计算机都与少数几台其他计算机相连。直接相连的计算机被称为"邻居"，不管它们实际相距有多远。向邻居发送讯息简单而又直接。讯息被编码为一连串电子脉冲，通过电缆传输到接收方。相反，向网络另一端的计算机发送讯息更复杂。讯息必须经由两者之间的计算机转发。因此，网络中的计算机必须彼此合作才能提供全网络范围的通信服务。

在分组交换之前，通信网络依赖于专用的端到端连接。这种方式常见于有线电话网络。假设 1 号计算机希望与 9 号计算机通信（图 7.2）。在传统的**电路交换**（circuit-switching）方案中，网络建立了从 1 号到 3 号计算机、从 3 号到 7 号计算机、从 7 号到 9 号计算机的专用电子连接。在讯息交换期间，所有其他计算机都不能在这些链路上发送讯息。由于计算机通常发送的是零散的短消息，以这种方式建立专用的端到端连接会使网络资源利用率很低。相比之下，分组交换消除了保留端到端路径的需要，因而提供了对网络链路的有效利用。

在分组交换中，单个讯息被切割成若干段。每一段都放在一个数据包中。这些数据包在网络中是独立路由的。当讯息的目的地接收到所有的数据包后，计算机将组装出原始讯息的一个副本。网络通过一系列**中继段**（hop）将数据包从源头传输到目的地。在每个中继段，数据包在两台计算机之间的单一链路上传输。这意味着一个数据包每个时刻只能独占一条链路。因此，来自不同讯息的数据包可以在单个链路上一个接

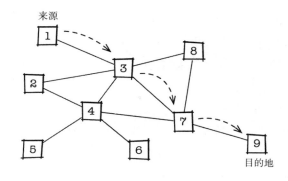

来源	目的地	数据包的序列号	负载
1	9	1	这条讯息
1	9	2	被拆分成了
1	9	3	三个数据包

图 7.2 一个小型网络中的分组交换

一个地交替传输。这样就不需要保留整个端到端的连接。

这个策略的缺点是链路可能会变得**拥堵**（congested）。当传输中的数据包抵达某个繁忙的传出链路时，传输就需要排队，进而导致延迟和拥堵。

分组交换数据网络类似于公路网。由多个数据包组成的单个讯息类似于一个开往目的地的车队。车辆的行驶不需要提前独占整个路线，它们只需要在道路畅通时插进来。它们甚至可能走不同的路线到达目的地。每辆车都尽其所能地在网络中找到自己的路。

一个数据包含有一个标头、讯息的某一部分（**负载**，payload）和一个标尾（图 7.2）。标头由数据包标识的开头、目的地的唯一 ID、讯息 ID 和序列号组成。序列号是数据包在讯息中的序数（1、2、3……）。

目标计算机使用序列号来按照正确的顺序组装负载。标尾包含用于检查错误的信息和数据包结束的标记。

网络中的计算机不断地在它们的连接上监测传入的数据包。当收到一个数据包时，计算机会处理它。首先，从标头读取数据包目的地的ID。如果接收的计算机不是最终目的地，那么设备将在能抵达该目的地的最快路由链路上重新发送数据包。使用哪条链路是通过**路由表**（routing table）决定的。路由表列出了网络中所有计算机或计算机组的ID。对于每个目的地，它记录了能够以最快路径抵达该机器的传出链路。接收计算机会把数据包转发到这条链路上。如果接收计算机就是目的地本身，则检查讯息的ID和序列号。当一条讯息的所有数据包都抵达后，计算机会根据序列号将数据包的负载拼接起来，从而复原出原始消息。

分组交换是**分布式**（distributed）算法的一个实例。分布式算法运行在多台、独立但相互合作的计算机上。每台计算机都执行自己的单独任务，这在某种程度上有助于实现整个宏大的规划。

用来填充路由表的算法是分组交换系统的一个基本组成部分。**路由**（routing）算法决定如何以最佳方式填充路由表。路由算法决定了数据包该去往哪里。

最早的 ARPANET 路由算法通过交换路径延迟时间的信息来进行决策。除了路由表之外，每台计算机还要维护一个**延迟时间表**（delay table，图 7.3）。每台计算机的延迟时间表列出了网络中每台计算机的ID，以及从每台计算机向该台计算机发送数据包所需的估计时间。所有的计算机都定期地将它们的延迟时间表发送给所有的邻居计算机。在收到邻居计算机的延迟时间表后，计算机会加上将一个数据包发送到邻居那里所需的时间。因此，更新后的时间表包含每台计算机ID的列表，以及经由邻居计算机将数据包发送到本台计算机所需的时间。计算机将这些时间与路由表中已经存在的时间进行比较。如果新路径更快，则更新当前条目。总结一下：

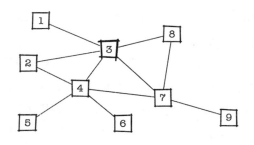

目的地	经由每个邻居的延迟					最快路径
	1	**2**	**4**	**7**	**8**	
5	4	3	②	3	4	4
6	4	3	②	3	4	4
9	4	4	3	②	3	7

图7.3 3号计算机的延迟时间表列出了：数据包的目的地，经由1号、2号、4号、7号和8号计算机的延迟时间，从3号计算机到目的地路径最短的邻居计算机ID。延迟时间用中继段数来衡量

对于每个相邻的计算机：

获取它的延迟时间表。

对于表中的每个目的地：

加上这台计算机到邻居计算机之间的延迟时间。

如果新的延迟时间小于路由表中的延迟时间，

那么在路由表中保存链路ID和新的延迟时间。

路径的延迟时间可以用到达目的地的中继段数来衡量，也可以统计沿路径排队的数据包的数量。后一个选项提供了对路径上拥堵程度的估计，并且通常会产生更好的结果。

分组交换网络的好处之一是面对问题时的鲁棒性（robustness）。如果一个链路出现故障或者变得过度拥堵，计算机可以检测到数据包排队长度的增加，并调整其路由表，以避免卡住。分组交换的缺点是数据包的传递时间是不可预测的。分组交换是一种"尽力而为"的服务。

在 ARPA 工作了两年之后，网络先驱利克里德加入了 IBM。再后来他回到了 MIT。在完成 IPTO 主任的第二个任期后，利克里德再次延续他在 MIT 的教学和研究生涯。他最终在 1985 年退休。

鲍勃·泰勒在 1970 年创立了施乐公司帕洛阿尔托研究中心（Palo Alto Research Center，PARC）的计算机科学实验室。在他的任期内，PARC 建造了一系列出色的现实世界原型。该中心开发了一种低成本的分组交换网络技术，用于互联单个建筑内的计算机。这种技术——以太网（Ethernet）——现在是世界上最常用的有线计算机网络标准。该实验室还发明了点击式**图形用户界面**（graphical user interface），这种界面后来在苹果的 Mac 计算机和微软的 Windows 操作系统中无处不在。施乐未能将 PARC 的突破充分地利用起来，这是 20 世纪最大的企业误判之一。泰勒于 1983 年离开 PARC，后来为数字设备公司（Digital Equipment Corporation）建立了一个研究中心。他于 1996 年退休，于 2017 年去世。

最初的四节点分组交换阿帕网增长缓慢但稳定，平均每月增加一个节点（即计算机站点）。阿帕网既不是世界上第一个计算机网络，也不是唯一的一个。尽管如此，它还是成了地球上最大的计算机网络——互联网——的鼻祖。

网络互联

1972 年 10 月，在华盛顿举行的国际计算机通信大会（International Computer Communication Conference，ICCC）上，阿帕网进行了首次公开演示。由 BBN 的鲍勃（罗伯特）·卡恩组织，这场演示连接了 40 多台计算机。数百名此前持怀疑态度的业内人士观看了演示，并且印象深刻。分组交换突然间看起来像是一个好主意了。

卡恩出生于1938年，来自纽约。在加入BBN之前，他获得了普林斯顿大学的硕士和博士学位。在ICCC的演示后不久，他转到IPTO负责监督网络的进一步开发。卡恩认为，下一个重大挑战不是向阿帕网添加更多的计算机，而是将阿帕网与其他网络连接起来。

阿帕网显得有些千篇一律——节点和链路都使用类似的固定线路技术。卡恩想象了一个超连接的世界，在这个世界中，讯息可以不受限制地在各种网络设备之间传递，无论网络是有线的、无线电的、卫星的、国际的、移动的、固定的、快的、慢的、简单的还是复杂的。当然，这是一个不得了的概念。问题是如何让它运行起来？卡恩提出了一个他称之为**开放架构网络**（open-architecture networking）的概念。这种方法似乎很有前景，但魔鬼总是隐藏在细节之中。1973年，卡恩访问了斯坦福大学阿帕网研究者温特·瑟夫（Vint Cerf）的实验室，并宣称：

我有个问题。

温特（温顿）·瑟夫1943年出生于康涅狄格州的纽黑文。在加入IBM之前，他获得了斯坦福大学的数学学士学位。几年后，他选择进入UCLA的研究生院。正是在UCLA，瑟夫开始研究阿帕网。他也是在那里第一次遇见了卡恩。卡恩的ICCC演示结束后不久，瑟夫回到斯坦福大学担任教授职位。

卡恩和瑟夫（图7.4）在1974年合作发表了一个关于互联问题解决方案的大纲。在这篇文章中，他们提出了一个对所有联网计算机来说通用的总体**协议**（protocol）。该协议定义了一组讯息和相关的行为，让计算机能够在技术上完全不同的网络之间进行通信。协议是商定好的讯息序列，能够允许计算机进行交互。例如，在人类世界中，我们用"你好"开始对话，用"再见"结束对话。每个人都知道标准讯息的含义，也知道接下来会发生什么。

图 7.4　TCP/IP 的发明人温特·瑟夫（左，2008 年）和罗伯特·卡恩（右，2013年）（左侧照片来自温特·瑟夫；右侧照片来自维尼·马尔科夫斯基，CC BY-SA 3.0，https://commons.wikimedia.org/w/index.php?curid=26207416）

　　由于他们吸收了其他网络发烧友的反馈，瑟夫和卡恩的大纲像滚雪球一样，变成了详细的技术规范。该规范将成为传输控制协议 / 互联网协议（Transmission Control Protocol/Internet Protocol，TCP/IP）的第一个版本。瑟夫和卡恩认为 TCP/IP 协议能够解决不同计算机网络之间相互连接的问题。[2]

　　TCP/IP 的第一次试验发生在 1976 年 8 月 27 日。一台计算机被安装在一辆被亲切地称为"面包车"的 SRI 送货卡车上。卡车停在旧金山南部，与南加州大学的一个固定线路阿帕网节点进行通信。演示操作表明，TCP/IP 能够使无线网络和有线网络实现讯息交换。

　　第二年，研究者对 3 个网络之间的通信进行了测试。这一次，位于挪威和英国的节点通过跨大西洋的卫星链路与美国的站点实现了联网。对瑟夫来说，这个三联网络测试是动真格的，它使用了 TCP/IP 进行合理的互连。1977 年 11 月 22 日的实验预示了互联网的来临。

　　如今，TCP/IP 是计算机在互联网上传输和接收讯息的协议。对用户来说，TCP/IP 最明显的元素是计算机节点全球统一的命名约定。计算机的互联网协议**地址**（address）可以在网络上作为它的唯一标识。IP 地址由用点隔开的 4 个数字组成。例如，"谷歌"搜索页面的 IP 地址为"172.217.11.174"。后来，为了使用方便，添加了节点的文本名称。**域名系统**（domain name system）将这些文本名称转换为数字 IP 地址。因此，域名"google.com"翻译为 IP 地址就是"172.217.11.174"。

1983 年，阿帕网的原始通信协议 NCP 被 TCP/IP 所取代。大约在同一时间，阿帕网的路由算法也进行了升级。迪杰斯特拉的寻路算法开始用于数据包路由（见第 6 章）。讽刺的是，寻找城市间最短路线的算法现在更常被用来确定数据包穿越互联网的最快路径。

阿帕网于 1990 年正式退役。在那时，它仅仅是全球互联网络集合中的一个网络。美国互联网的主干现在是美国国家科学基金会网络（National Science Foundation Network，NSFNET）。阿帕网的消亡基本上没有引起人们的注意。同样是在那一年，最早的计算机网络梦想家利克里德去世。

前 BBN 雇员鲍勃·卡恩在 1986 年成立了美国全国研究创新联合会（Corporation for National Research Initiatives，CNRI）。CNRI 开展、资助和支持前瞻性信息技术的研究。他和温特·瑟夫在 1992 年成立了互联网协会，以推广 TCP/IP 协议。瑟夫继续他在互联网领域的工作，在一长串公司和非营利组织任职。其中最引人注目的也许是他在谷歌担任的首席互联网宣传官一职。NASA 还聘请瑟夫作为其星际互联网计划的顾问。瑟夫和卡恩于 2004 年获得了图灵奖。

TCP/IP 使全球范围内一个个不同的计算机网络得以相互连通。互联网上不存在中央控制器。只要计算机遵守 TCP/IP 协议和命名约定，它们就可以加入网络中。在 2005 年至 2018 年期间，互联网共有 39 亿用户，超过世界人口的一半。这个数字看起来还会进一步增加。

多亏了 TCP/IP 协议，人类之间的联系变得前所未有地紧密。

修复错误

像互联网这样的通信系统，被设计成将信息的精确副本从发送方传输到接收方。为了实现这一点，数据包中的数据被转换为电子信号，从发送方传送到接收方。目的地设备将接收到的信号转换回数据。通常，接收到的信号会受到电子**噪声**的污染。噪声是任何会破坏预期信号的非预期信号的总称。噪声可能源于自然，也可能来自附近电子设备的干扰。如果噪声相对于信号足够强，就会导致信号转换回数据时出现错误。显然，我们不希望出现错误。句子中的错误可以容忍。然而，在你银行余额上出现错误就不能忍，除非错误对你有利！因此，通信系统包含错误检测和校正的算法。

检测和校正错误最简单的方法是重复。为了确保传输正确，一个重要的数据可能会连续发送 3 次。接收方比较所有 3 个副本。如果它们能匹配，则可以推定没有发生错误。如果只有两个副本能匹配，那么剩下的那一个可以被推定为出错了，两个相匹配的副本被认为是正确的。如果没有彼此匹配的副本，那么就无法确认真实的讯息是怎样的，必须请求重新传送。

例如，如果接收到的错误保护讯息是：

HELNO、HFLLO、HELLP

那么很可能原讯息是 HELLO，因为 3 个 H 能匹配，两个 E 踢掉一个 F，再后面 3 个 L 能匹配，两个 L 踢掉一个 N，两个 O 踢掉一个 P。

重复很好用，但非常低效。如果每个数据包发送 3 次，那么每秒可以传输的数据包数是添加错误保护之前的三分之一。

校验和（checksum）要高效得多。其思想是将所有字符（字母、数字和标点符号）均转换为数字。将这些数字加在一起，所得总数（校验和）与讯息一同传输。在收到数据包时，计算机会重新计算校验和，并将计算结果与数据包中包含的校验和进行比较。如果算出来的校验和与接收到的校验和能够匹配，那么接收到的数据包很可能就是无错误的。当然，这种情况下仍然有数据中出现两个相等且相反的错误，或者校验和与数据发生完全一样的错误的可能。然而，这些偶然情况发生的可能性极小。绝大多数情况下，如果校验和不匹配，就表明发生了传输错误。

例如，将 HELLO 转换为整数会得到：

$$8\ 5\ 12\ 12\ 15。$$

将这些值相加得到的校验和为 52。于是发送的数据包是：

$$8\ 5\ 12\ 12\ 15 - 52。$$

如果传输没有发生错误，那么接收方获得的是讯息的精确副本。校验和重新计算结果为 52。这与数据包中的校验和相匹配，一切正常。

如果第一个字符被错误地接收为 F 会怎样？

$$\boxed{6}\ 5\ 12\ 12\ 15 - 52。$$

这一次，计算的校验和（50）与数据包末尾的校验和（52）不能匹配。接收端就能知道发生了错误。

校验和是很常用的。例如，本书前面的国际标准书号（International Standard Book Number，ISBN）就包含一个校验和。[3] 所有 1970 年以后出版的书都有一个标识这本书的唯一 ISBN。当前的书号是 13 位数字，最后一位是校验位。校验位可以让计算机核实 ISBN 是否已正确输入或扫描。

图 7.5 纠错码发明人理查德·汉明，1938 年（照片来自伊利诺伊大学档案馆，0008175.tif）

基础校验和仅能用来检测错误，但无法弄清楚具体哪个数字是错误的。错误甚至可能就出现在校验和本身。讽刺的是，在这种情况下，讯息本身是正确的。基础校验和要求讯息重传以修复错误。

理查德·汉明（Richard Hamming，图 7.5）想知道是否可以优化校验和，使它能同时提供错误检测和错误纠正。

汉明 1915 年出生于芝加哥，主修数学，最终获得伊利诺伊大学的博士学位。第二次世界大战结束后，汉明加入了洛斯阿拉莫斯的曼哈顿计划。他的工作用他自己的话说是"计算机看门人"，负责为核物理学家们运行 IBM 的可编程计算器。幻想破灭后，他搬去了新泽西州的贝尔电话实验室。贝尔实验室是正在蓬勃发展的贝尔电话公司的研究部门，该公司由电话的发明者亚历山大·格雷厄姆·贝尔（Alexander Graham Bell）创立。20 世纪 40 年代末和 50 年代，贝尔实验室雇用了一批一流的通信研究人员。汉明如鱼得水：

> 我们是一流的麻烦制造者。我们用非常规的方式做非常规的事情，仍然取得了有价值的成果。因此，管理层不得不容忍我们，很多时候只能放任我们。

汉明因他的冷笑话而闻名，但并不是所有人都欣赏他的做事方式：

> 他很难共事，因为他总在说个不停，但是不怎么倾听。

汉明对纠错的兴趣源于他自己在与一台不可靠的基于继电器的计算机打交道时的挫败感。他经常让一个程序在周末运行，却在周一早上发现由于计算机故障而导致工作失败。汉明很恼火，他想知道为什么机器不能通过编程来发现并修复自己的错误。

校验和的最简单形式是**奇偶校验位**（parity bit）。现代电子计算机以二进制数字处理信息。与十进制数不同的是，二进制数字只使用两个数字：0 和 1。在十进制中，每一列的值都是它右边一列值的 10 倍，而在二进制中，每一列的值则是右边一列值的 2 倍。因此，在从小数点开始从右向左移动的二进制中，我们有 1、2、4、8、16 等。例如：

二进制 1011 =（1×8）+（0×4）+（1×2）+（1×1）= 十进制 11。

类似地，用二进制从 0 数到 15 得到的序列是：

0，1，10，11，100，101，110，111，
1000，1001，1010，1011，1100，1101，1110，1111。

因此，4 个二进制数字或**位**（bit）可以表示从 0 到 15 的十进制整数。

为了进行错误检测，可以在二进制数后面追加一个奇偶校验位。选

择奇偶校验位的值（0 或 1），使包括校验位在内的 1 的总数为偶数。例如，数据字：

$$0 1 0 0 0 1。$$

在末尾附加一个值为 0 的奇偶校验位来实现信息保护：

$$0 1 0 0 0 1 - 0。$$

这使 1 的总数成为偶数（有两个 1）。

与校验和一样，奇偶校验位和**数据字**（数据位的序列）是一起发送的。想要检查错误，接收方仅需要数 1 的数量。如果最终计数是偶数，则可以推定没有发生错误。如果计数是奇数，那么，十有八九，其中某个位上就出现了错误，0 被错误地翻转为了 1，或者 1 被错误地翻转为了 0。例如，第 2 位发生错误则得到数据字：

$$0 \; \boxed{0} \; 0 \; 0 \; 0 \; 1 - 0。$$

这一次，出现了奇数个 1，表明发生了错误。

以这种方式检测，单个奇偶校验位能够检测单个错误。如果有两个位发生错误，数据包看起来没问题，但实际上并不是。例如：

$$\boxed{1} \; \boxed{0} \; 0 \; 0 \; 0 \; 1 - 0。$$

这看起来好像是正确的，因为有偶数个 1。因此，当错误率很高时，需要额外增加奇偶校验位。

汉明设计了一种聪明的方法，使用多个奇偶校验位来检测和纠正一个个错误。在汉明的方案中，每个奇偶校验位保护数据字中一半的位。此中的诀窍在于，任何两个奇偶校验位保护的数据位都不是完全相同的。通过这种方式，每个数据位都由一个奇偶校验位的唯一组合来保护。因此，如果发生了一个错误，通过查看哪些奇偶校验位受到了影响就可以确定错误所在的位置。所有出问题的奇偶校验位会指向唯一一个数据位。

假设我们要传输一个包含 11 个数据位的数据字：

1 0 1 0 1 0 1 0 1 0 1。

在汉明的方案中，11 个数据位需要 4 个奇偶校验位。奇偶校验位（其值有待确定）插入数据字的位置为 2 的幂（1、2、4 和 8）。因此，被保护的数据字变成：

？？1 ？0 1 0 ？1 0 1 0 1 0 1。

其中问号代表奇偶校验位的未来位置。第 1 个奇偶校验位通过奇数位（第 1、3、5……位）上的数字来确定。同前，选择校验位的值以确保组中有偶数个 1。于是，第 1 个奇偶校验位设置为 1：

①？①？⓪1 ⓪？①0 ①0 ①0 ①。

圆圈标记了奇偶校验组中的位数。在确定第 2 个奇偶校验位时，先将数据的位数（1、2、3、4……）写成二进制数，然后用那些第 2 位是 1 的位数（10、11、110、111……，对应于第 2、3、6、7、10、11、14、15 位）来确定这一位：

1 ⓪ ① ? 0 ① ⓪ ? 1 ⓪ ① 0 1 ⓪ ①。

在确定第 3 个奇偶校验位时，用那些二进制数第 3 位是 1 的位数（100、101、110、111……，对应于第 4、5、6、7、12、13、14、15 位）来确定这一位：

1 0 1 ① ⓪ ① ⓪ ? 1 0 1 ⓪ ① ⓪ ①。

在确定第 4 个奇偶校验位时，用那些二进制数第 4 位是 1 的位数（1000、1001、1010、1011……，对应于第 8、9、10、11、12、13、14、15 位）来确定这一位：

1 0 1 1 0 1 0 ⓪ ① ⓪ ① ⓪ ① ⓪ ①。

这就是最终的受保护的数据字，已做好传输准备。

现在，假设受保护的数据字在第 3 位发生了错误：[4]

1 0 ☐ 1 0 1 0 0 1 0 1 0 1 0 1。

接收方通过计算 4 个奇偶校验组中的 1 的数量来检查数据字：

① 0 ⓪ 1 ⓪ 1 0 0 ① 0 ① 0 ① 0 ① = 5 个 1；
1 ⓪ ⓪ 1 0 ① 0 0 1 ⓪ ① 0 1 ⓪ ① = 3 个 1；
1 0 0 ① ⓪ ① ⓪ 0 1 0 1 ⓪ ① ⓪ ① = 4 个 1；
1 0 0 1 0 1 0 ⓪ ① ⓪ ① ⓪ ① ⓪ ① = 4 个 1。

第一和第二个奇偶校验组显示有错误（它们有奇数个 1）。相比之下，第三组和第四组显示没有错误（它们有偶数个 1）。在第一和第二校验组中，但不在第三和第四校验组中的唯一数据位是第 3 位。因此，错误必然发生在第 3 位。通过将其值从 0 翻转到 1，可以很容易地纠正这个错误。

汉明的精妙算法允许计算机检测和纠正一个个错误，代价是发送的总位数略有增加。在上述例子中，4 个奇偶校验位保护了 11 个数据位——只增加了 36% 的位数。汉明码的生成和检查都极其容易。这使它们非常适合高速处理，而这正是计算机网络、内存和存储系统所需要的。现代通信网络混合使用了汉明码、基本校验和，以及更新、更复杂的纠错码，以确保数据传输的完整和准确。你的银行余额是基本上不可能出现错误的。

在贝尔实验室工作了 15 年之后，汉明回到了教学岗位，在加州蒙特雷的海军研究生院担任教职。1968 年，汉明因他发明的汉明码和在数值分析方面的其他工作获得了图灵奖。1998 年，仅仅退休一个月后，他在蒙特雷去世。

互联网最大的缺陷之一是它在设计时没有考虑到安全问题。安全措施后来不得不被嫁接上去，其效果有好有差。其中一个麻烦是数据包很容易在途中被窃听者用电子设备读取。**加密**（encryption）通过更改讯息的方式来避免窃听，只有预期的接收方能够复原出原始文本。窃听者仍然可能会截获修改过的文本，但被打乱的讯息毫无意义。

直到 20 世纪末，如果要加密传输讯息，收发双方都需要在绝对保密的情况下先确定加密方法。或许有人会想象一位女王在秘密的约定地点偷偷地将一本绝密的密码本交给一名间谍的情景。然而，这种方法不能很好地套用在计算机网络中。当所有数据都必须通过脆弱的公共网络发送时，两台计算机之间如何实现秘密地交换密码本呢？起初，在计算机网络这个美丽的新世界里，加密似乎一点也不现实。

秘密讯息

古代美索不达米亚、埃及、希腊和印度都曾使用过加密技术。在大多数情况下，这是为了安全地传递军事或政治机密。尤利乌斯·恺撒对重要的私人信件也采用了加密技术。恺撒密码将原文中的每一个字母替换为一个替代字母。在字母表中，替代字母与原字母的距离是固定的。为了使模式更难以识别，恺撒密码去掉了空格，并将所有字母改为大写。例如，所有字母在字母表中右移一位会产生如下加密结果：

Hail Caesar（致敬恺撒）

IBJMDBFTBR。

A 变成 B，E 变成 F，以此类推。每个 Z 都将被 A 取代，因为字母表的末尾换位到开头。

加密的讯息——**密文**（ciphertext）——被发送给接收方。接收方通过将每一个字母按字母表向左移动一个位置来复原原始消息——**明文**（plaintext）。B 变成 A，以此类推，直到回归原始消息"HAILCAESAR"。多亏了自然语言的模式，缺失空格的位置非常容易就能推断出来。

传统的加密方法（如恺撒密码）依赖于算法和密钥。密钥是成功加密和解密所必需的信息。在恺撒密码中，密钥就是移位方式。发送方和目标接收方必须都知晓算法和密钥。通常，通过对密钥保密来维护讯息安全。

没有一个加密方案是完美的。只要有足够长的时间和一次巧妙的**攻击**（attack），大多数密码都是可以被破解的。可以通过频率分析的方法来攻击恺撒密码。攻击者计算每个字母在密文中出现的次数。最常出现的可能是元音 E 的替代字母，因为 E 是英语中最常用的字母。一旦单个移位方式被破解，整条讯息就可以被解密。几乎所有的密码都有漏洞。问题在于，攻击需要多长时间才能破解密码？如果攻击所需时间长到不可接受，那么从实际角度来看，该密码就是安全的。

在计算机网络中，密钥的分发问题重重。传递密钥唯一方便的方式是通过网络本身。然而，网络并不安全，不能防止窃听。通过互联网发送密钥相当于直接将其公开。如果发送方和接收方只能发送公开讯息，他们怎样才能约定使用一个安全密钥呢？这个问题后来被称为密钥分配问题（Key Distribution Problem）。20 世纪 70 年代初，斯坦福大学的一个研究小组提出了第一个解决方案的雏形。

马丁·赫尔曼（Martin Hellman）1945 年出生于纽约。他先在纽约大学攻读电气工程专业，之后前往加州斯坦福大学攻读硕士和博士学位。在 IBM 和 MIT 工作一段时间后，赫尔曼于 1971 年回到斯坦福大学担任助理教授。赫尔曼不顾同行的建议，开始研究密钥分配问题。大多数人都认为，想发现一些全新的东西———一些连资源丰富的美国国家安全局都遗漏掉的东西，这种想法非常愚蠢。但赫尔曼没有退缩，他想做些异于常人的事情。1974 年，惠特菲尔德·迪菲（Whitfield Diffie）也加入了进来，和赫尔曼联手寻找解决方案。

迪菲生于 1944 年，来自华盛顿特区，拥有 MIT 的数学学位。毕业后，迪菲在米特雷公司（MITRE Corporation）和他的母校从事编程工作。然而，他对密码学很着迷。他开始对密钥分配问题开展独立研究。在访问 IBM 位于纽约州北部的托马斯·J. 沃森（Thomas J. Watson）实验室时，他听说了有一个叫赫尔曼的人在斯坦福大学从事类似的工作。迪菲驱车 5 000 英里，横穿美国去见这个和他有共同理想的人。原本下午半小时的会面一直延续到深夜。两人之间建立了某种联结。

博士生拉尔夫·默克尔（Ralph Merkle）也加入了两人的行列。默克尔出生于 1952 年，他在加利福尼亚大学伯克利分校读本科时就提出了一种解决密钥分配问题的创新方法。[5]

1976 年，迪菲和赫尔曼发表了一篇论文，描述了一种算法，那是第一批公钥交换的实用算法之一。这篇论文彻底改变了密码学。所有密钥都必须是私人密钥的神话被打破了。一种新的密码形式诞生了：**公钥密码学**（public key cryptography）。

迪菲-赫尔曼-默克尔密钥交换方案表明，双方可以经由公开讯息建立密钥。不过有个小麻烦。他们的方法需要交换和处理多个讯息。因此，该算法并不适合在网络上使用。然而，他们的论文确实提出了一种替代方案。

传统加密算法使用**对称**（symmetric）密钥，这意味着加密和解密使用的是相同的密钥。对称加密的缺点是密钥必须始终保密。这个要求就引发了密钥分配问题。

相比之下，公钥加密使用两个密钥：一个加密密钥和一个不同的**非对称**（asymmetric）解密密钥。密钥对必须满足两个要求。首先，它们必须能成功地用作加密-解密对，即用其中一个加密，用另一个解密，且必须最终能得到原始讯息的副本。其次，必须不可能通过加密密钥来确定解密密钥是什么。这就是公钥密码学的美妙之处。如果无法从加密密钥确定解密密钥，那么就可以将加密密钥公开。只有解密密钥需要保密。任何人都可以使用公开的加密密钥向私钥（解密密钥）持有者发送加密讯息。只有拥有私钥的接收者才能解密和阅读讯息。

设想一下，假如爱丽丝希望能够接收加密讯息（图 7.6）。她通过密钥生成算法创建了一个非对称密钥对。解密密钥由她自己保管。她在网上公开了加密密钥。假如鲍勃想给爱丽丝发送一条加密讯息。[6] 他从爱丽丝的网上发帖中获得了她的加密密钥。他使用爱丽丝的加密密钥对讯息进行加密，并将生成的密文发送给爱丽丝。爱丽丝收到讯息后，使用她的私人解密密钥破解密文。简而言之：

爱丽丝生成加密和解密密钥对。

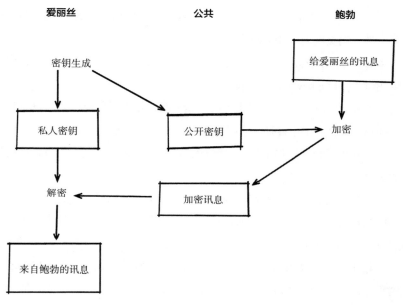

图 7.6　公钥密码学

> 爱丽丝自己保管解密密钥。
>
> 她公开了加密密钥。
>
> 鲍勃使用爱丽丝的公开加密密钥加密他的讯息。
>
> 鲍勃将加密讯息发送给爱丽丝。
>
> 爱丽丝使用她的私人解密密钥破解加密的讯息。

　　这个方案完美运行需要一个附加条件。必须无法从公开的加密密钥中确定私人解密密钥。这就是困难所在。解密密钥不能由加密密钥计算出来，没有人知道如何创建这种非对称密钥。我们需要的是一个**单向函数**（one-way function）——一种无法从输出中轻易推断出输入的计算。如果可以找到这样一个函数，那么它的输出就可以作为公钥的基础，而它的输入则可以作为私钥的基础。没有什么办法能够逆转计算过程。攻击者将无法复原出解密密钥。

迪菲和赫尔曼在论文中描述了公钥加密，但没有提供单向函数。他们已经有了这个概念的灵感，但他们找不到可行的方法。

在位于波士顿的 MIT 计算机科学实验室里，罗纳德·里维斯特（Ronald Rivest）读着迪菲和赫尔曼的论文，心情越发激动。从那一刻开始，他致力于找到一个合适的单向函数。一种可以解锁公钥加密的函数。里维斯特说服了两个朋友兼同事——阿迪·沙米尔（Adi Shamir）和伦纳德·阿德曼（Leonard Adleman）——帮助他一起探索。他们三人都拥有数学学士学位和计算机科学博士学位。里维斯特生于 1947 年，来自纽约州。阿迪·沙米尔生于 1952 年，是以色列特拉维夫人。阿德曼生于 1945 年，在旧金山长大。这个临时拼凑的团队花了一年时间构想了一些有潜力的单向函数的想法，最后却又抛弃了每一个想法。没有一个函数是真正单向的。也许压根就没有单向函数这种东西。

1977 年，三人组在朋友家中做客，共度逾越节。当里维斯特回到家时，他无法入睡。没法休息，他就把思绪转到了单向加密问题上。没过多久，他突然想到了一个可能行得通的新函数。天亮前他就把整个思路都写下来了。第二天，他要求阿德曼在他的计划中找出一个漏洞——就像阿德曼对其他建议所做的那样。奇怪的是，阿德曼无法找出毛病。这种方法似乎扛得住攻击。他们的确找到了一个单向函数。里维斯特、沙米尔和阿德曼的密钥生成算法在同年晚些时候发表。它很快就以其发明者的姓氏首字母被命名为 RSA 算法。RSA 算法如今是互联网加密技术的基石。

RSA 算法的加密和解密相当简单直接。加密密钥由两个数字组成——一个模数（modulus）和一个加密指数。解密密钥也包含两个数字——相同的模数和一个不同于加密指数的解密指数。

首先，将原始文本讯息转换为数字序列。对数字组进行加密，具体过程如下：

计算输入数的加密指数次幂。

除以模数，得到余数。

输出余数。

解密过程则是：

计算接收到的数字的解密指数次幂。

除以模数，得到余数。

输出余数。

假设加密密钥是（33，7），讯息是 4，解密密钥是（33，3）。计算 4 的 7 次方（4 自乘 7 次），得 16 384。16 384 除以 33 后的余数是 16。所以 16 就是密文。

解密时，计算 16 的 3 次方，得 4 096。4 096 除以 33 后的余数是 4。输出为 4，它就是原始讯息。这个方案是如何运作的？这个过程有赖于**时钟算术**（clock arithmetic）。你可能知道**数轴**（number line）———一条想象中的线，整数在上面均匀地标记出来，很像一把尺子。数轴从 0 开始，一直延伸到无穷远。现在假设这一条线上只有 33 个数字（0—32）。把这条被缩短的线卷成一个圆。这个圆看起来就很像一个标有数字 0 到 32 的老式挂钟的表盘。

想象一下，从 0 开始不停地绕着表盘数下去。最终，你会遇到数字 32，然后计数回到 0、1、2，如此等等。你一直绕着表盘转啊转。

时钟算术反映了余数运算的效果。34 除以 33，余数是 1。这和绕着时钟走一圈后再走一步是一样的。

在上述加密和解密的示例中，加密过程将时钟指针绕表盘移动了

16 384 步。最后，时钟指针指向 16，这便是密文。解密过程从 0 开始，将时针沿表盘移动 4 096 步。最后，时钟指向 4，这便是原始讯息。

加密密钥和解密密钥是互补的。密钥对是特别挑选出来的，以便其中一个指数能抵消另一个指数的影响。绕时钟表面旋转的完整圈数并不重要。最重要的是指针最后指向的那个数字。

通过 RSA 密钥生成算法，可以产生密钥对。这是 RSA 加密的核心。前两步中包含了单向函数：

> 选择两个具有相似值的大素数。
>
> 把它们相乘得到模数。
>
> 每个素数减去 1。
>
> 把结果相乘得到**定商**（totient）。
>
> 在 1 到定商之间选择一个素数作为加密指数。
>
> 重复以下步骤：
>
>> 选择一个常数值。
>>
>> 常数乘以定商，再加上 1。
>>
>> 所得数除以加密指数。
>
> 当结果是整数时，停止重复。
>
> 以这个整数作为解密指数。
>
> 输出加密密钥（模数和加密指数）。
>
> 输出解密密钥（模数和解密指数）。

算法很复杂，让我们尝试一个案例。假设我们从素数 3 和 11 开始。其实这些数字太小，无法扛住攻击，但暂且先用它们来演示计算。模数是 3 × 11 = 33。定商是（3 — 1）×（11 — 1）= 20。我们选择 7 作为加密指数，因为它是介于 1 和定商之间的素数。[7] 取 1 作为常数，得到 1 + 1 × 20 = 21。解密指数就等于 21 除以 7，得 3。因此，加密密钥为

（33，7），解密密钥为（33，3）。

对密钥对的攻击可以归结为寻找两个素数，它们相乘得到模数。素数做乘法掩盖了选定的素数。对于很大的模数，相乘得到模数的素数对有很多可能，攻击者必须测试大量素数才能破解密码。当使用大模数时，用蛮力搜索寻找初始素数是非常耗时的。

密钥生成算法中的其他步骤确保了加密和解密是互反的。也就是说，对于 0 到模数之间的所有值，解密可以还原加密的结果。

1977 年，《科学美国人》的一篇文章向大众读者介绍了 RSA 算法。这篇文章在文末提供了一个 100 美元奖金的挑战，挑战者要在给定加密密钥的情况下破解 RSA 密文。模数相当大——一个 129 位的十进制数字。破解密码花了 17 年的时间。获胜的团队由 600 名志愿者组成，他们利用业余时间在世界各地的计算机上工作。破解出的明文相当平淡无奇：

咒语是"神经过敏的胡兀鹫"。

胡兀鹫是一种有胡须的秃鹫。100 美元的奖金，每人得到 16 美分。概念得到了验证。RSA 是军事级别的加密。

公匙加密现在被内置于万维网的安全套接层（Secure Socket Layer, SSL）中。当网站地址前面有"https:"时，你的计算机就正在使用 SSL 和附带的 RSA 算法与远程服务器通信。据最新统计，70% 的网站流量使用 SSL。多年来，为了防止密文被最新的超级计算机破解，密钥的长度不得不不断增加。现今，包含 2 048 位（相当于 617 位的十进制数字）或更多数位的密钥很常见。

至此，学者们已经证明否定公钥加密可能性的人错了。政府的电子间谍机构在其擅长的领域有被击败的可能。至少，看起来会如此。

在 RSA 引发的喧嚣之中，美国国家安全局的负责人曾公开表示，情报界一直都知道公钥加密是怎么回事。这引发了公众的关注。他这是实话实说、口出狂言，还是单纯在虚张声势？迪菲的好奇心被激发了起来。他进行了数次调查，最终受到指引，将眼光投向了大西洋对岸的政府通信总部（Government Communication Headquarters，GCHQ）。GCHQ 是英国的电子情报和安全机构。第二次世界大战期间，正是这个机构在领导布莱奇利园的密码破译工作。迪菲从他的联络人那里套出了两个名字：克利福德·科克斯（Clifford Cocks）和詹姆斯·埃利斯（James Ellis）。1982 年，迪菲约埃利斯在切尔滕纳姆的一家酒馆见面。作为 GCHQ 的坚定拥护者，埃利斯给出的唯一暗示是一句语意含混的评价：

> 你用它做的事情比我们多得多。

1997 年，真相大白了。GCHQ 公布了科克斯、埃利斯和另一位参与者马尔科姆·威廉森（Malcolm Williamson）的论文。在这些文件中，有一份是埃利斯对 GCHQ 重大历史事件的记录。在文中，他提到了迪菲-赫尔曼-默克尔对公钥密码学的"再发现"。

早在 20 世纪 70 年代初，詹姆斯·埃利斯突然有了公钥密码学的想法。他将这项技术命名为"非秘密加密"。作为一名工程师，埃利斯无法想到令人满意的单向函数。克利福德·科克斯在和尼克·帕特森（Nick Patterson）喝茶的时候碰巧听说了埃利斯的发现。科克斯是牛津和剑桥大学毕业的数学家，那天晚上他刚好无所事事。于是他决定研究单向加密问题。不可思议的是，科克斯当天晚上就解决了这个问题。与 RSA 团队一样，他也是借助两个大素数的乘积来解决这个问题的。这比里维斯特、沙米尔和阿德曼早了 4 年。科克斯以 GCHQ 内部文件的形式传播了这个想法。马尔科姆·威廉森注意到了这份备忘录，并在几个月后补上了密钥交换内容中缺失的一部分。

GCHQ 的密码破译人员在埃利斯、科克斯和威廉森的非常规方法中找不到任何漏洞。然而，高层仍然不相信。非秘密加密技术在 GCHQ 办公室的抽屉里逐渐被遗忘了。由于受到《官方保密法案》的限制，几位作者什么也没说。他们眼睁睁地看着斯坦福和 MIT 的团队夺走了本该属于他们的荣誉。埃利斯从未体验到获得公众认可的那份满足感。就在他去世几周后，对他的文件的禁令就被解除了。

里维斯特、沙米尔和阿德曼于 2002 年获得了图灵奖。迪菲和赫尔曼在 2015 年也获得了图灵奖。

与此同时，互联网不断发展壮大。到 1985 年，互联网上有 2 000 个主机（计算机站点），其中大部分为学术机构所有。虽然数据传输运行良好，但 20 世纪 80 年代的网络程序却没有吸引力。它们的用户界面是大量的文本，颜色单一，使用起来很麻烦。为了触及更广泛的受众，计算机技术需要改头换面。

第 8 章

搜索网络

"扩展存储器"（memex）是一种可以让人在其中存储所有的书籍、记录和通信的设备。它是机械化的，因此能以极快的速度和极高的灵活性进行查阅。

[扩展存储器的基本特征]是，可以随心所欲地通过任一条目即时并自动地选择另一个条目。

万尼瓦尔·布什（Vannevar Bush）

《大西洋月刊》，1945 年

到了 20 世纪 70 年代，小型计算机已在科研院所、大学和大公司中广泛应用。小型计算机在高度和周长上与美式冰箱相似，它比老式的大型计算机便宜得多，但仍然很昂贵。虽然它们能进行大规模的数据处理，但这些机器对用户来说并不友好。用户终端由一台单色显示器和一个笨重的键盘组成。绿色字母和数字组成的固定网格点亮了显示器上的黑色背景。计算机的每个操作都需要输入一个神秘的文本命令。

1976 年，两个加利福尼亚的孩子——史蒂夫·乔布斯（Steve Jobs）和史蒂夫·沃兹尼亚克（Steve Wozniak）——向冷清的市场推出了第一台预装微型计算机。商用计算机头一回小到可以放在桌面上。更棒的是，苹果 1 号（Apple I）非常便宜，一个人就可以购买和使用。第二年，苹果推出了改进后的产品。尽管它的硬件尺寸紧凑了许多，但在 VisiCalc（可视计算）问世之前，它的销量一直很低迷。

VisiCalc 是世界上第一个商业电子表格程序，允许用户在屏幕上的表格中输入文本、数字和公式。VisiCalc 的秘密武器是，当数字输入电子表格时，会自动执行公式中指定的计算。没有必要为了完成某几项计算就编写一个程序。突然之间，负责业务的用户不用求助于本公司的 IT 部门就可以处理销售数据了。人们购买苹果 2 号（Apple II）只是为了使用 VisiCalc。台式计算机市场此后蓬勃发展。

IBM 很晚才发现这个搅局者。数字设备公司和 IBM 是小型计算机的主要供应商。为了迎头赶上，IBM 于 1981 年推出了自己的个人计算机。在公司庞大销售网络的支持下，IBM 个人计算机在商业上取得了成功。

3 年后，苹果再一次击败了 IBM。苹果推出了第一台使用图形用户界面的平价计算机。苹果设计精美的麦金托什（Macintosh）计算机配备了键盘、高分辨率显示屏，还有一个具有革命性的鼠标。鼠标让用户能够通过点击图标和菜单来控制计算机。程序可以在可调窗口中并排运行。鼠标很受欢迎。老式的文本命令是给那些极客[①]用的东西。

尽管将图形用户界面商业化的是苹果公司，但这项技术是在其他地方发明的。鼠标则是 SRI 的道格拉斯·恩格尔巴特（Douglas Engelbart）发明的。图形用户界面是在鲍勃·泰勒的指导下在施乐的帕洛阿尔托研究中心开发出来的。史蒂夫·乔布斯碰巧看到了帕洛阿尔托研究中心的图形用户界面演示，他也想为自己的产品安装一个图形用户界面。

麦金托什让苹果的竞争对手手足无措。IBM 的软件合伙人匆忙地在他们的下一个操作系统微软 Windows 中加入了图形用户界面。与此

---

① 美国俚语 geek 的音译，被用于形容对计算机和网络技术有狂热兴趣并投入大量时间钻研的人。——编者注

同时，IBM 的个人计算机市场也面临着来自低成本山寨机（或称为仿制机）硬件制造商的压力。在价格上，IBM 和苹果根本无法与这些山寨机竞争。很快，运行 Windows 操作系统的廉价山寨机就出现在了企业的办公桌上。

虽然图形用户界面让使用单台计算机的工作变得更加容易，但通过网络访问数据仍然是件麻烦事。互联网为专业计算机中心提供了全球连接。然而，网络程序仍然在使用文本命令。更糟糕的是，每个远程访问系统（公告板、图书馆目录、远程登录等）都有自己独特的命令集。互联网使用起来令人非常恼火。人们迫切需要一种易于使用的软件来在计算机之间共享数据。令人惊讶的是，解决问题的方案不是来自计算机行业，而是欧洲的一个粒子物理实验室。

万维网

蒂姆·伯纳斯-李（Tim Berners-Lee）1955 年出生于伦敦。他毕业于牛津大学，获得物理学学位。伯纳斯-李的父母曾是"费兰蒂·马克 1 号"的程序员，他追随父母的脚步，成为一名专业的软件开发人员。在产业界职位的空窗期，他于 1980 年在欧洲核子研究中心（European Organisation for Nuclear Research, CERN）做了 6 个月的承包商。4 年后，他重返 CERN，负责计算机网络设计工作。

CERN 位于瑞士日内瓦的一个庞大园区里。1984 年，那里有 10 000 名工作人员、学生和访问研究人员，他们为许多存在松散关联的项目工作，伯纳斯-李也是其中一员。这个地方是许多组织机构、既得利益方、文化和语言的大杂烩。协调和沟通几乎不可能顺利进行。在伯纳斯-李看来，联网的计算机可以协助完成日常的信息共享任务。

伯纳斯-李提出了一个方案，用户的台式计算机可以下载和查看存储在远程计算机（或称为**服务器**）上的电子**页面**。每个页面都作为一个数据文件保存，可以通过互联网进行传输。数据文件包含文本和特殊格式标签，后者用来指定页面以何种方式显示。在用户计算机上运行的一个叫作**浏览器**的软件会向服务器发送请求，并显示远程页面。每个页面可以由一个唯一的名称标识来识别，该名称包括服务器的 ID 和该文件的文件名（位于服务器 ID 之后）。后来，又添加了一个显示要使用哪个协议的前缀。完整标识符现在被称为页面的统一资源定位符（uniform resource locator，URL）。

伯纳斯-李的方案的一个关键特点是，网页中包含**超链接**。超链接（或简称为**链接**）是一段文本或图像，上面标记了对另一个网页的引用。当用户点击链接时，浏览器会自动显示所引用的页面。链接大大简化了页面之间的导航。单击一个链接，相关的页面就会出现。

超链接看起来很摩登。事实上，这个想法一点也不新鲜。超链接最早是由万尼瓦尔·布什在 1945 年发表的一篇展望未来的文章中提出的。新鲜的是，联网的计算机和软件可以把布什的设想变成现实。

伯纳斯-李和罗伯特·卡约（Robert Cailliau）整合出了一份详细的文件来描述这个系统。他们把这个系统命名为万维网（WorldWideWeb，WWW），突出了互联网的全球可及范围以及网页之间超链接连接的特性。三个单词之间后来添加了空格，使名称更易读。该文件描述了两个要素：一个是网页文件格式（允许的内容）的正式定义，另一个是规定浏览器和服务器软件用于通信的讯息和行为的**协议**（protocol）。

在项目获得批准后的一年内，伯纳斯-李完成了第一个万维网浏览器和服务器的软件。1991 年 8 月 6 日，世界上第一个网站上线。原始页面现在仍可以在以下地址找到：

info.cern.ch/hypertext/WWW/TheProject.html。

在伯纳斯-李的坚持下，CERN 免费发布了万维网的规范和软件。然而该技术传播缓慢。1993 年，伊利诺伊大学香槟分校一个由马克·安德森领导的团队发布了一种新的网络浏览器。马赛克（Mosaic）浏览器与伯纳斯-李的服务器软件兼容，但重要的是，它能在微软的 Windows 系统上运行。基于 Windows 的个人计算机比伯纳斯-李在 CERN 用于编程的复杂工作站普及得广得多。至 1993 年年底，已有 500 个网络服务器上线。除了粒子物理和计算相关的网站之外，还有财经新闻、网络漫画、电影数据库、地图、网络摄像头、杂志、公司手册、餐馆广告和色情网站。

之后的一年里，随着万维网越发受到关注，蒂姆·伯纳斯-李离开了 CERN，去创立并领导万维网联盟（World Wide Web Consortium，W3C）。W3C 是一个非营利性组织，旨在与产业界的合作伙伴合作开发和推广万维网。该联盟至今仍是万维网标准的守护者。万维网的标准遵循了伯纳斯-李的理想，一直是开放、免费和公开的。任何人都可以搭建兼容的网络浏览器或服务器，不必申请许可或支付版税。

万维网为世界提供了一个成本低、稳定可靠、易于使用的信息共享平台。网站开发者可以决定如何使用它。

亚马逊推荐

就在伯纳斯-李离开 CERN 的那一年，一名华尔街投资银行家偶然发现了一个惊人的统计数据。在马赛克浏览器[1]普及的推动下，网络使用量同比增长了 2 300%。这个数字相当不可思议：两位数的增长都很少出现，更不用说四位数了。这名银行家在网上找到了很多信息，但几乎没有找到商品在出售。很显然，这是一个尚未开发的市场。那么问题来了："卖什么？"

当时，互联网速度太慢，无法播放音乐或视频。产品递送必须仰仗美国邮政服务。线上商店有点像邮购业务，但是要更好一些。顾客可以查看最新的产品目录，并通过网络下单。这名银行家查看了排名前二十位的邮购业务的名单。他的结论是，图书零售将是一个完美的选择。这名投资银行家意外发现了一个千载难逢的机会。

杰夫·贝索斯在 30 岁时是德肖公司（DE Shaw & Company）最年轻的高级副总裁。他出生于新墨西哥州的阿尔伯克基，在得克萨斯州和佛罗里达州长大。贝索斯毕业于普林斯顿大学计算机科学与电气工程专业。大学毕业后，他做过一系列的计算机和金融工作，很快就爬上了高级副总裁的职位。

贝索斯的偶然发现让他陷入了两难境地。他是否应该放弃年薪六位数的纽约银行工作去卖书？对于这种改变人生道路的决策，贝索斯调用了一个算法：

> 我把自己想象成 80 岁的样子，然后说："好的，现在回顾我的一生。我想把我［会感到］后悔的次数减少到最少。"
>
> 我知道，当我 80 岁的时候，我不会后悔尝试过这个事情。
>
> 我知道，我可能会后悔的一件事就是没有尝试过它。［这个事情］将每天都萦绕在我心头。

贝索斯辞去了华尔街的工作，着手在一个根本不存在的地方开设一家书店，这个地方就是网上。

他需要两样东西来启动他的互联网业务：拥有计算机技能的员工和可以出售的书籍。美国西北海岸的西雅图具备这两个条件。这座城市是微软和美国最大的图书分销商的总部。他和结婚一年的妻子麦肯齐·贝索斯［MacKenzie Bezos，原姓塔特尔（Tuttle）］[1]登上了飞往得克萨斯

---

① 两人已于 2019 年离婚。——编者注

州的飞机。抵达之后，他们向贝索斯的父亲借了一辆车，然后驱车前往西雅图。麦肯齐负责开车，贝索斯在笔记本电脑上拟定他的商业计划。

贝索斯用他父母毕生的积蓄作为种子资本，在西雅图的一所两居室小房子里开起了一家店。1995 年 7 月 16 日，亚马逊（amazon.com）网站上线了。

销售状况不错。亚马逊随后搬到了第二大道。办公室十分拥挤，新员工格雷格·林登（Greg Linden，图 8.1）不得不在厨房工作。

林登那时处于从华盛顿大学休学的状态。他喜欢初创公司的热闹气氛，但他也打定主意会回到大学攻读计算机科学博士学位。与此同时，林登认为他可以帮助亚马逊卖出更多的书。他确信，一个**推荐系统**将有助于把亚马逊的主页浏览量转化为图书的销量。

产品推荐系统分析客户的购买决定，并向客户推荐他们可能想要购买的产品。以前购买过犯罪小说作品集的读者很可能会有兴趣买一本特

图 8.1　格雷格·林登，亚马逊第一代推荐系统的设计者，2000 年（图片来自格雷格·林登）

别版的夏洛克·福尔摩斯探案小说或者一本雷蒙德·钱德勒（Raymond Chandler）的小说。把这些书作为推荐书目展示给用户，他们很可能会受到鼓励而买上一本。

从本质上讲，推荐就是广告。区别在于推荐是**个性化**的。它是根据个人的兴趣量身定制的。林登希望，与传统的一刀切式广告相比，个性化推荐可以增加每次主页浏览量带来的销售额。一些实验性的推荐引擎当时已经上线。相比之下，亚马逊的推荐系统必须在商业环境的规模中工作。林登向管理层阐述了自己的想法，并获得了建立亚马逊首个推荐系统的许可。

林登的算法是基于一个简单的直觉。如果人们通常一起购买两种产品，那么已经拥有一种产品的顾客很可能也会购买另一种。这两种物品并不一定是最开始就被一同购买的。重要的是，用户经常是两种都会购买。都买的原因也不要紧。那些书可能是同一个作者写的，可能属于同一个流派，抑或出现在同一个州考试的学习指南上。就推荐商品而言，商品能组成一对的时机和缘由无关紧要。重要的是，顾客经常同时购买这两种商品。

林登的算法会记录亚马逊网站上所有的购物记录。当用户结账时，算法会记录购买者的唯一 ID 和所购图书的书名。算法提取出该用户之前所有购买订单的列表，然后将新购买的书与用户之前购买的所有书进行配对。

想象一下，用户玛丽此次购买了《夏洛的网》（*Charlotte's Web*），而她此前买过《小王子》（*The Little Prince*）和《匹诺曹》（*Pinocchio*）。这会创建两个新的图书配对：

《夏洛的网》与《小王子》；
《夏洛的网》与《匹诺曹》。

这些新信息被用于更新产品相似度表。该表格分别在行和列上列出了亚马逊网站上的所有图书。因此，任意两本书的组合在表格主体中都有两个条目。这些条目记录了单个用户购买这两本书（行和列）的次数。这个数字就是这两本书的**相似度评分**。

用户玛丽购买了《夏洛的网》，这就产生了两个新的图书配对。结果是，《夏洛的网》与《小王子》的条目增加了1，《夏洛的网》与《匹诺曹》的条目也增加了1（表8.1）。

当某个用户登录亚马逊网站时，算法使用相似度表生成推荐。算法首先检索一个用户的购买历史记录。对于该用户购买的每一本书，算法在相似度表的对应行中查找到该书。算法扫描这些行，寻找数值非0的条目。对于找到的每一个条目，算法在其所在列的顶部查找书名。在一个列表中记录下这些书的书名和相似度评分。记录完成后，对列表进行审核，删除任何重复项或用户已经购买的书并对其余的项按相似度评分排序，然后把得分最高的那些书推荐给用户。

综上所述，算法工作原理如下：

> 以相似度表和用户购买历史记录为输入。
>
> 创建一个空列表。
>
> 对购买历史中的每一本书重复以下步骤：
>
>> 从相似度表中找到匹配的行。
>>
>> 对该行的每一列重复以下步骤：
>>
>>> 如果相似度评分大于0，
>>>
>>> 那么将匹配的书名和评分添加到列表中。
>>
>> 到达该行的末尾后，停止重复。
>
> 到达购买历史记录的末尾后，停止重复。
>
> 从列表中删除所有重复项。
>
> 删除用户已经购买的那些书。

根据相似度评分对列表进行排序。

输出相似度评分最高的书名。

假设 4 名不同的用户购买过《夏洛的网》和《小王子》，
1 名用户购买过《夏洛的网》和《匹诺曹》，还有 1 名用户购买过《小
王子》和《匹诺曹》（表 8.1）。想象一下，用户妮古拉上网浏览亚马
逊网站。推荐算法提取了她的购买历史，发现她到目前为止只买过 1 本
书：《小王子》。算法沿着相似度表中的《小王子》那行进行扫描，找
到两个非 0 的条目：4 和 1。在查找对应列的标题时，算法发现《夏洛
的网》和《匹诺曹》与《小王子》是有配对的。由于《夏洛的网》相
似度评分较高（4 分），所以它作为最佳推荐呈现给了妮古拉。换句话
说，比起《匹诺曹》，妮古拉更有可能购买《夏洛的网》，因为在过去，
有更多顾客既购买过《小王子》又购买过《夏洛的网》。

表 8.1　3 本书的相似度表，条目表示用户购买每种图书配对的次数

	《夏洛的网》	《小王子》	《匹诺曹》
《夏洛的网》	—	4	1
《小王子》	4	—	1
《匹诺曹》	1	1	—

数据集变大能显著提高推荐的准确性。产品相似度表中的数据越
多，用户的历史记录越广泛，推荐的效果就能越好。随着更多数据的积
累，突兀的结果消失了，主要趋势开始显现。只要有足够的数据，推荐
算法就能达到惊人的准确性。麦肯锡近期的一份报告显示，亚马逊 35%
的销售额来自产品推荐。

亚马逊成立的那一年（1995 年），万维网拥有 4 400 万用户和 2.3
万个网站。其后一年，用户数量翻了一番，网站数量增长了 10 倍。万
维网的热度开始变得越来越高。

但巨量的网页开始给用户带来麻烦。用户在网络上漫不经心地冲浪，一个接一个地点击链接。人们怎么才能找到他们想要的东西呢？有人试图按主题对万维网进行分类并手动制作网站**目录**，但这些目录的网站也很快就被淹没了。在网上寻找资料变得越来越缓慢，越来越令人恼火。用户迫切希望有一个能够神奇地显示出正确链接的网站。

谷歌网络搜索

1995 年春天，谢尔盖·布林（Sergey Brin）负责带一个新人参观斯坦福大学。21 岁的布林当时已经在斯坦福大学读了两年书。布林出生于莫斯科，6 岁时随父母移居美国。他在 19 岁时毕业于马里兰大学，获得计算机科学和数学学位，之后获得了斯坦福大学的奖学金攻读研究生学位。

那个新人是 22 岁的拉里·佩奇（Larry Page）。佩奇刚刚在密歇根大学获得了计算机科学学位。来自中西部地区的佩奇对斯坦福大学感到敬畏。他甚至有点盼望被打发回家。

布林和佩奇几乎立刻就对彼此产生了反感。佩奇后来说：

> 我觉得他令人厌恶。他对事情的看法非常强烈，不过我想我也是这样的。

布林则回忆说：

> 我们都觉得对方很讨厌。

尽管如此，这两个研究生还是在喜欢机智对答这一点上找到了共同点：

我们当时一直在做打趣式的互动。

　　佩奇没有被下一班车送回家。他开始攻读博士学位。他和布林一起出去玩。两人开始在共同感兴趣的项目上合作。

　　计算机科学领域的每个人都知道万维网很火。当时，网景（Netscape）公司刚刚上市，市值高达 30 亿美元，尽管其利润为零。该公司唯一的产品是一个免费的网络浏览器。网景的首次公开募股预示着华尔街互联网泡沫（dotcom bubble）的开始。流行语"dotcom"（.com）来源于分配给商业网站的 URL 扩展名。一个接一个网络创业公司的股市估值疯狂攀升。

　　佩奇的思考转向了网络搜索的难题。网站目录显然不是明智的选择。对用户来说，从分类、主题、子主题的字母排序列表中深入挖掘需要的信息实在太浪费时间了。直接查询更有意义。只要输入你要找的东西，相关性最高的链接就会出现。难点在于，将查询词与网站标题进行匹配的效果很不好。大多数返回的链接要么不相关，要么质量较低，或者两种问题都有。用户被迫在大量垃圾信息中筛选，才能找到他们想要的东西。佩奇意识到，问题的关键是根据网页链接的重要性以及网页链接与查询词的相关性来对网页进行准确排名。一个准确的网站排名系统会把有用的链接顶到列表的顶部。问题是，如何准确地对网站进行排名呢？

　　佩奇对已经存在的以论文为基础的学术研究论文排名系统很熟悉。研究论文的排名通常根据的是它们在其他出版物中被引用的次数。其中的理念是，一篇论文被参考或引用的次数越多，它就越重要。佩奇意识到超链接很像论文引用。从一个页面到另一个页面的超链接表明，链接页面的作者认为被链接的页面在某种程度上是重要的或相关的。数一数指向某个页面的链接数量可能是评估该页面重要性的好办法。基于这一见解，佩奇开发了一种算法，用于对网页的重要性进行排序。他将这种方法命名为"页面排序算法"（PageRank），从名字就能看出是他开发的。

页面排序算法不仅仅是统计引用次数，它还考虑了被评级页面的链接页面的重要性。这阻止了网站管理员通过创建虚假的链接页面来人为提高页面的排名。想要产生影响力，链接页面必须本身就是重要的。实际上，页面排序算法是基于网站开发人员的集体智慧对网页进行排名的。

每个网页都会被分配一个页面等级分数：分数越高，该网页越重要。一个页面的得分等于链接到它的各个页面的加权页面等级分之和再加上一个**阻尼项**（damping term）。

一个链接页面的等级分以 3 种方式进行加权。第一步，它被乘以从链接页面到被评分页面的链接数。第二步，对结果进行**标准化**（normalization），意思是将结果除以链接页面上的链接数量。其基本原理是，在同等条件下，来自包含许多链接的页面的超链接，其价值低于来自链接数量较少的页面的超链接。第三步，将这个页面等级分乘以一个**阻尼系数**（damping factor）。这个阻尼系数是一个恒定值（通常为0.85），它模拟的是用户可能跳转到一个随机页面而不是进入一个链接。阻尼项通过在所有链接页面的加权等级分之和的基础上加上 1 减去阻尼系数得到的值（通常为 0.15）来补偿这一点。

页面等级分可以被看作一名随机选择链接的网络冲浪者抵达某个特定页面的概率。大量链接指向某个页面意味着随机的冲浪者更有可能抵达这个页面。有许多超链接指向这些链接页面也意味着冲浪者更有可能抵达目标页面。所以一个页面的页面等级分不仅取决于指向它的链接数有多少，还取决于其链接页面的页面等级分。因此，目标网页的页面等级分取决于能进入它的所有链接。这种漏斗效应可以追溯到链条上的一级、二级、三级甚至更多级的环节。这种依赖关系使页面等级分不容易计算。如果每个页面的等级分都依赖于其他所有页面的等级分，那么我们该从哪里开始计算呢？

计算页面等级分的算法是迭代算法。初始时，页面等级分被设置为页面的直接入链数除以入链的平均数。之后，页面等级被重新计算为所有链接页面加权等级分的总和再加上阻尼项。这将得到一组新的页面等级分。然后使用这些值再次计算页面等级分，以此类推。每次迭代后，计算都会使页面等级分更接近一组稳定的值。当页面等级分不再有更进一步的变化时，迭代停止。

想象一个只有 5 个页面的迷你万维网（图 8.2）。一眼扫过去，很难确定哪一页最重要。有两个页面含有 3 个入链（B 和 E）。有一个页面含有 2 个入链（A）。其余两个页面不太受欢迎，只含有一个入链（C 和 D）。

计算页面等级分首先要创建一个表格，列出页面之间的链接数量

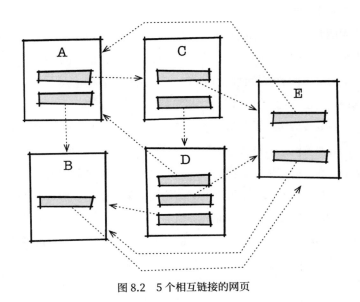

图 8.2　5 个相互链接的网页

（表 8.2）。每一行都对应一个页面，每一列也是如此。表中的条目记录了从行中页面指向列中页面的链接数。因此，通过读取整行，我们能得到指定页面的出链数量。从上到下读取整列，我们能得到指定页面的入链数量。

表 8.2 页面之间的链接数量（表中还列出了链接的总数，一个页面不能链接到自身）

	指向 A	指向 B	指向 C	指向 D	指向 E	总出链数
来自 A	—	1	1	0	0	2
来自 B	0	—	0	0	1	1
来自 C	0	0	—	1	1	1
来自 D	1	1	0	—	1	3
来自 E	1	1	0	0	—	2
总入链数	2	3	1	1	3	

算法接下来创建第二个表格，列出每个页面的页面等级分（表 8.3）。起始时，算法用一个粗略的估计值来填充表格。这个值是一个页面的入链数除以平均入链数。

之后，算法一个页面接一个页面地重新计算页面等级分，也就是在页面等级分表中一列接一列地计算。对于每个页面，计算链接表中相应列上链接页面的加权等级分。首先查找每个链接页面的页面等级分（表 8.3）。然后用这个数值乘以来自该页面的入链数量。结果再除以该页面上的总出链数（表 8.2）。得到的数值乘以阻尼系数（0.85），得到加权页面等级分。对所有入链执行此计算。将得到的所有入链页面的加权等级分相加，再加上阻尼项（0.15）。这就得出了这个页面新的页面等级分。将这个值添加进页面等级分表中。

对所有页面重复页面等级分计算。当处理完所有页面后，将新的页面等级分与之前的页面等级分进行比较。如果变化很小，则表示处理过程已经收敛，计算结果就是输出。否则，计算将重复进行（完整算法详见附录）。

例如，假设我们在计算页面 A 的页面等级分时正在进行第二次迭代。它的页面等级分是含有入链的页面（页面 D 和页面 E）的加权页面等级分之和。D 的初始页面等级分是 0.5（入链数 1 除以平均入链数 2，平均入链数为总入链数 10 除以总页面数 5）。D 指向 A 的链接数为 1。D 的总出链数是 3。因此，从 D 到 A 的加权页面等级分为 $0.5 \times 1 \div 3 = 0.167$。同样，从 E 到 A 的加权页面等级分为 $1.5 \times 1 \div 2 = 0.75$。再把阻尼项算进去，A 新的页面等级分为 $0.85 \times (0.167 + 0.75) + 0.15 = 0.929$。

迭代的过程把页面的等级分也纳入了考虑，以反映出网页间的相互连接。这导致更大的值流向与其他网页联系更紧密的页面，更小的值流向联系不那么紧密的页面。最终，这些数字稳定下来，达到稳态，使数值流动趋于平衡。

回到迷你万维网的例子，页面等级分在大约 5 次迭代后收敛（表8.3）。最终，网页 E 拥有最高的页面等级分。页面 E 的入链数量与页面 B 相同，但排名在页面 B 之前。这是因为链接到页面 E 的页面 B 只含有一个链接。然而，链接到页面 B 的页面 E 含有两个链接。标准化降低了页面 B 的页面等级分。

表8.3　为迷你万维网示例计算出的最终页面等级分

迭代	A	B	C	D	E
1	1.00	1.50	0.50	0.50	1.50
5	0.97	1.38	0.56	0.40	1.69

为了测试自己的算法，佩奇与布林和斯坦福大学教授拉吉夫·莫特瓦尼（Rajeev Motwani）展开合作，建立了一个搜索引擎原型。他们使用**网络爬虫**（web crawler）下载万维网的摘要。网络爬虫像人类冲浪者一样探索万维网，追随一个又一个的链接。在冲浪过程中，爬虫会

对它遇到的每一个网页保存一个快照。从一些手动录入的 URL 开始运行，爬虫很快创建出万维网的一份本地摘要。页面排序算法被应用于这份获取的数据集，对页面的重要性进行评分。在收到用户查询时，团队的搜索引擎——"返触"（BackRub）——在本地摘要中进行检索以查找匹配的页面标题。将生成的页面列表按页面等级分进行排序并显示给用户。

"返触"只在斯坦福内部使用过。尽管如此，它的表现还是相当有前景，佩奇和布林于是决定扩大这项服务。

他们购买了更多的计算机，以便将更多部分的万维网加入索引，并让搜索引擎能同时处理更多的查询。经过一番考虑，他们认为"返触"这个名字不怎么好。他们需要一种能预示万维网未来规模的东西。他们决定用"古戈尔"（Googol）这个词，一个古戈尔是一个 1 后面跟着 100 个 0。他们把这个词误写成了"谷歌"（Google）。布林为新网站设计了一个五颜六色的标识。到了 1998 年 7 月，谷歌搜索引擎已经索引了 2 400 万个页面。最关键的是，相比其竞争对手，谷歌的搜索结果遥遥领先。这个新冒出来的家伙已经准备好要做大事了。

同年 8 月，布林和佩奇被人引荐给了安迪·贝希托尔斯海姆（Andy Bechtolsheim）。同样来自斯坦福大学的贝希托尔斯海姆曾与人共同创立过两家成功的科技初创企业。布林和佩奇向贝希托尔斯海姆展示了谷歌的商业计划。贝希托尔斯海姆很喜欢他们的设想，立马写了一张 10 万美元的支票，收款人是谷歌。没有谈判，没有条款和条件，也没有估值。贝希托尔斯海姆要的只是参与其中。在精神上，贝希托尔斯海姆觉得这是自己在报答那些在他创业初期扶助他的资助者。布林和佩奇紧紧攥着支票，甚至忘了提谷歌当时还不存在这一点。

下一年的 2 月，《PC 杂志》报道了这款初出茅庐的谷歌搜索引擎：

> 它有一种神奇的技巧，能返回相关度极高的结果。

一年后，谷歌从风险投资公司红杉资本（Sequoia Capital）和凯鹏华盈（Kleiner Perkins）获得了 2 500 万美元的投资。红杉资本和凯鹏华盈从过去到现在一直是硅谷的显贵。它们的名字出现在投资者名单上几乎比投资本身还值钱。第二年，谷歌推出了"关键字广告"（AdWords）。"关键字广告"允许广告商出价将他们的链接与页面等级排序结果一起列在谷歌搜索页面上。推广链接和页面等级排序结果做了清晰的划分，以便用户能够区分页面等级排序的结果和广告。事实证明，"关键字广告"比传统广告更有效。这并不奇怪，因为"关键字广告"宣传的产品本就是客户正在积极搜索的。各家公司纷纷涌向这个新的广告平台。"关键字广告"把免费的网络搜索变成了一座金矿。

页面排序算法是斯坦福大学的专利。谷歌从斯坦福大学获取了将该算法用于其搜索引擎的独家授权，代价是 180 万股股份。2005 年，斯坦福大学以 3.36 亿美元的价格出售了其谷歌股份。这笔交易很可能使页面排序算法成为史上最具价值的算法。

互联网泡沫

继网景 1995 年首次公开募股后，投资资本纷纷涌入互联网初创企业。利润多寡似乎并不要紧。衡量公司价值的唯一标准是网站宣称自己拥有的用户数量。互联网投资变成了一种传销。在 1995 年至 2000 年期间，纳斯达克科技股指数的价值涨了 4 倍。该指数在 2000 年 3 月 10 日达到 5 048 点的巅峰。此后，它一路暴跌。2002 年 10 月 4 日，纳斯达克指数回落到 1 139 点，市值蒸发了四分之三以上，几乎退回到了 1995 年刚开始时的水平。互联网泡沫破裂重创了科技行业。大量的互联网初创公司都垮掉了。纳斯达克指数在 15 年后才恢复到 2000 年的峰值水平。

互联网泡沫的投机性掩盖了互联网使用量持续稳定增长的底色。在不断扩大的用户基数的推动下，幸存下来的网络公司迅速发展。

林登的产品推荐算法被人广泛效仿。他于 2002 年离开亚马逊。后来他在两家初创公司和谷歌工作了一段时间，现在在微软工作。如今，亚马逊的网站上"从 A 到 Z"的各类商品应有尽有。2019 年，亚马逊超越沃尔玛，成为世界上最大的零售商。据《福布斯》杂志报道，亚马逊创始人兼首席执行官杰夫·贝索斯成为 2018 年的世界首富。他的净资产估值为 1 560 亿美元。

谷歌于 2004 年上市，估值为 230 亿美元，而这家公司当时只成立了 6 年。2016 年，谷歌的母公司字母表（Alphabet）估值接近 5 000 亿美元。截至撰写本书时（2019 年），据《福布斯》杂志报道，布林和佩奇位列美国十大最富有的人。他们的个人财富估值在 350 亿至 400 亿美元之间。

2004 年，英国女王授予蒂姆·伯纳斯-李爵士爵位，以表彰他的成就。他还在 2016 年获得了图灵奖。首富网（The Richest）估算他的净资产约为 5 000 万美元。这是一笔小财富，但与互联网亿万富翁的财富相比就不值一提了。

当互联网泡沫于 2002 年破裂时，互联网拥有大约 5 亿活跃用户。互联网为世界提供了前所未有的获取信息、网上购物和娱乐的途径。然而，一名住在大学宿舍的 19 岁学生却坚信，人们真正想要的是八卦。这种洞察力，加上大量的努力工作，将使他成为亿万富翁。

第 9 章

脸书与朋友

有了这些数据，你应该就能得出一些合理的推论。

夏洛克·福尔摩斯致华生医生

阿瑟·柯南道尔爵士

《四签名》（*The Sign of Four*），1890 年

马克·扎克伯格（Mark Zuckerberg，图 9.1）1984 年出生于纽约州怀特普莱恩斯。在他读初中时，他的父亲教会了他如何编程。后来，他父亲雇用了一位专业的程序员来指导他。扎克伯格在高中时是个奇才，注定要进入常春藤联盟大学。他后来进入了哈佛大学，并入选了计算机科学和心理学的联合学位项目。

除了对编程怀有热爱，扎克伯格对人的行为也怀有长久的兴趣。他很早就意识到，大多数人都对别人正在做的事情很感兴趣。这种痴迷正是日常八卦、重量级传记、名人文化和电视真人秀的精髓所在。在哈佛，他开始尝试开发能满足人与人联系和互动的基本需求的软件。

扎克伯格建立了一个名为"脸谱网"（Facemash）的网站。脸谱网模仿了一个已经存在的名为"人气高不高"（Hot Or Not）的网站。这

图 9.1　脸书的共同创始人马克·扎克伯格，2012 年（由美国加州普莱森顿市的 J. D. 拉希卡摄影——马克·扎克伯格 / Wikimedia Commons / CC BY 2.0, https:// commons.wiki-media.org/w/index.php?curid=72122211。由彩色照片转换为黑白照片）

两个网站都是并排展示两名男学生或两名女学生的照片，并要求用户从两张照片中选出更有吸引力的那个。脸谱网对投票进行了整理，并列出"最具人气"学生的排名。有争议的是，脸谱网使用的学生照片是从哈佛大学网站下载的。该网站受到了一部分学生的欢迎，但也让很多人感到不安。据哈佛的校园通讯报道，这个网站将扎克伯格送到了该校的纪律委员会面前。

　　此后，扎克伯格开始为**社交网络**建立一个新的网站。当时已经有一些这样的网站，允许用户在上面分享自己的信息。大多数已有的网站都是为寻找约会对象的人群服务的。然而，扎克伯格希望他的社交网络能帮助哈佛学生交流。当时的想法是，社交网络用户可以输入个人资料并发布新闻。这不是那种会成为头条的新闻，但却是学生们喜欢的那种闲聊八卦。为了绕开大学的制度限制，新网站要求用户自己上传自己的数据。新网站"脸书网"（thefacebook.com）于 2004 年 2 月上线。扎克伯格当时只有 19 岁。

脸书的动态消息

关于脸书（Facebook）的消息很快就传开了。上线 4 天后，注册用户达到 450 人。学生们利用这个网站做各种各样的事情——规划聚会、组织学习，不可避免地，还有约会。扎克伯格逐渐向美国其他大学的学生开放了这个社交网络。同年 6 月，有人出价 1 000 万美元收购他的网站，但他一点也不感兴趣。随着用户数量的增长，扎克伯格开始接受投资、招聘员工，并从大学辍学。

最开始，寻找新帖子的唯一方法是查看用户的个人资料页面，看看用户是否有更新。但大多数情况下，查看这些页面都是在浪费时间——没有什么新鲜的东西可看。扎克伯格意识到，为用户提供一个总结好友最新帖子的页面会很有帮助。

在接下来 8 个月的时间里，脸书的动态消息算法诞生了。该算法后来被证明是这家年轻公司面临的最大的工程挑战。动态消息不仅仅是一个新功能。它是脸书的再发明。

其构想是，动态消息会为每一名用户生成一个独有的消息页面。该页面将列出与这名用户最相关的帖子。每个用户收到的消息都是不一样的——系统为他们定制了个性化消息推送。

脸书于 2006 年 9 月 5 日星期二激活了动态消息功能。用户的反应几乎完全一样，每个人都讨厌它，人们觉得这太像跟踪狂了。事实上，脸书上没有增加以前看不到的东西。然而，动态消息让人们更容易看到其他人生活中发生了什么。对于用户在自己的数据隐私发生明显变化时的情绪反应，扎克伯格似乎判断错了。

反动态消息的群组在脸书上如雨后春笋般涌现并蓬勃发展。讽刺的是，学生们正在使用他们抗议的功能来帮助他们开展抗议。对扎克伯格来说，这是动态消息能够发挥作用的有力证据。数据支持了他的观点。用户花在脸书上的时间比以往任何时候都多。脸书为此道歉，并增加了隐私控制措施，静待这场风波平息下来。

动态消息的核心工程学挑战在于，如何创建一种能选择最佳消息项显示给用户的算法。那么要解决的问题就是：计算机算法如何确定人类用户最感兴趣的是什么？脸书动态消息算法的细节至今仍然是严格保密的。然而，有一些信息在 2008 年被披露了。

最初的动态消息算法被称为"边缘排序"（EdgeRank）算法。这个名字似乎是在向谷歌的页面排序算法致敬。脸书上的每一个动作都被称为一个"边缘"（edge），可以是用户发帖、状态更新、评论、点赞、加入群组或分享消息。对于某一名用户，一个边缘的边缘等级分通过将 3 个因子相乘来计算：

$$边缘等级分 = 亲密度 \times 权重 \times 时间衰减。$$

亲密度是衡量用户与边缘的连接强度的指标，反映了用户与创建该边缘的人的关系亲疏程度。脸书上的好友比非好友更亲密。两个朋友的共同朋友越多，他们之间的亲密度就越高。用户之间的交互次数也影响他们的亲密度得分。例如，如果两个用户经常评论彼此的帖子，他们的亲密度就会提升。如果两个用户停止相互交互，亲密度会随着时间的推移而降低。

权重取决于边缘的类型。需要更多努力来创建的边缘具有更高的权重。例如，评论的权重大于点赞。

在其他条件相同的情况下，边缘等级分会随着边缘变旧而降低。这确保了算法优先推荐最新的帖子而不是旧的帖子。

每隔 15 分钟，算法会针对每个用户和每个帖子重新计算边缘等级分。用户的动态消息是通过按边缘等级分降序排列来呈现的。随着时间的推移，一个边缘的边缘等级的分数会发生变化。一个帖子可能会随着创建时间的增长而被降级。另一个帖子的等级可能会在得到一串赞后上升。这种动力机制鼓励用户不断查看消息，渴望知道新鲜事。

动态消息让**病毒式消息传播**（viral messaging）变得流行起来。用户不能在脸书上直接散播消息。他们只能发布一条消息，然后盼望它能传播到他们的社交网络中。如果一条消息以点赞或评论的形式获得大量关注，那么它的边缘等级分就会提高。随着分数的提高，该消息会出现在更广泛的用户动态消息中。受欢迎的消息可以在用户社区之间传播，这很像病毒的传播。

脸书通过在用户发布的帖子中穿插付费广告，将动态消息的浏览量转化为收入。该公司于 2012 年在证券交易所公开上市，估值超过 1 040 亿美元。脸书的网站和应用程序现在每月有 24 亿左右的用户。即便其中有一些是**机器人**（模仿用户的程序），这也是世界人口的很大一部分。截至 2020 年，扎克伯格仍然是脸书的首席执行官。据《福布斯》杂志估算，扎克伯格的净资产约为 600 亿美元。

动态消息提供了一种个性化的服务，为个体量身定制消息内容。虽然在林登的亚马逊推荐系统问世之前，个性化服务就已经出现在网络上了，但是是为奈飞（Netflix）开发的一种算法将这项技术提升到了一个新的高度。该算法利用机器学习来识别和利用大量用户数据中潜藏的模式。机器学习与大数据的结合将很快在商业和科学中引发变革。

奈飞大奖赛

奈飞公司由里德·黑斯廷斯（Reed Hastings）和马克·伦道夫（Marc Randolph）于1997年创立。黑斯廷斯和伦道夫原本是东海岸人，后来被吸引到硅谷。两人都经历过科技行业的并购大浪潮，成为连续创业者。他们第一次见面发生在黑斯廷斯的公司收购一家软件初创公司时，伦道夫就在这家公司工作。由于彼此住得很近，同事们开始拼车。在每天上下班的路上，黑斯廷斯和伦道夫酝酿出了一个新的商业创业计划。

他们的商业主张很简单——在线电影租赁。注册用户通过该公司的网站选择他们想看的电影。电影发行后，公司将光碟（DVD）发送给用户。观看完电影后，用户通过邮件将DVD寄回公司。

这项服务大受欢迎。注册用户很喜欢能接入这种大型电影库，而且他们很享受这种DVD送到家门口的便利。业务成功的关键是确保客户真心喜欢他们收到的电影。追随着亚马逊的脚步，奈飞在他们的网站上添加了一个推荐引擎。奈飞的推荐系统"电影匹配"（Cinematch）运行良好。然而到了2006年，该公司开始寻找更好的算法。奈飞没有靠自己开发新算法，而是采取了不同寻常的举措：发起一场公开竞赛。奈飞宣布为第一个比电影匹配系统准确性高10%的推荐系统颁发100万美元的奖金。

为了促进竞争，奈飞发布了一个训练数据集，其中包含约50万名客户为近1.8万部不同电影给出的1亿次电影评分。每个数据点包含电影名、用户名、给出的星级评分（1~5星）和记录评分的日期。电影名和评分都是真实的，但用户名是匿名处理的，因此无法识别出个人的身份。

此外，奈飞还发布了第二个测试数据集。它的内容与训练数据集相似，只是奈飞隐去了星级评分。测试数据集要小得多，只包含280万个条目。

竞赛的目标是建立一个推荐系统，让它能够准确预测测试数据集中隐去的电影评分。奈飞会将参赛者提供的估计结果与隐去的用户给出的评分进行比较。参赛者的估计结果是通过测量**预测误差**（prediction error）来评估的，预测误差是指预测评分和实际评分之差的平方的平均值。

100万美元的奖金吸引了业余爱好者和严肃的学术研究人员。对于学术界来说，这个数据集就是珍稀宝藏。想要获得如此规模的现实世界中的数据集是非常不容易的。起初，大多数人认为准确性提高10%是没什么难度的。他们低估了电影匹配算法的有效性。

有多种方法可以实现评分预测。这次比赛中最有效的技术是将尽可能多的不同预测结合在一起。用预测者的话说，任何可以用来帮助预测的信息都是在最终计算中必须纳入考量的因素。

最简单的因素是训练数据集中电影的平均评分。这是所有看过那部电影的用户给出评分的平均值。

另一个可以考虑的因素是评分正在接受预测的用户的慷慨程度。用户的慷慨度可以用他们的平均评分减去所有用户对同一组电影的平均评分来计算。由此得出的慷慨度修正值可以添加到所预测电影的平均评分中。

另一个因素是某些用户给电影的评分，这些用户通常具有与评分正在接受预测的用户相同的评分方式。在训练数据集中检索这些用户。预测结果就是他们对这部电影的评分平均值。

还有一个因素是评分正在接受预测的用户对类似电影的评分。再次在训练数据集中进行检索。这一回，那些往往会与正在接受预测的电影获得相似评分的电影被找了出来。计算出该用户对这些电影评分的平均值。

通过加权和求和，将这些因素和其他可用的因素组合起来。每个因子都要乘以一个数值，也就是权重。权重能决定因素的相对重要性。权重高就意味着相关因素对最终预测结果的影响更大，权重低意味着该因素不是那么重要。将加权后的因子相加，就得出了最终的预测结果。

综上所述，预测算法如下：

将训练数据集和测试数据集作为输入。

对测试数据集中每个用户-电影组合，重复以下步骤：

对每一个因素，重复以下步骤：

利用这个因素对用户的电影评分进行预测。

当所有因素评估完成后，停止重复。

对预测因素进行加权和求和。

输出该用户和电影的最终预测结果。

当所有的用户-电影组合都预测完成后，停止重复。

假设算法试图预测吉尔对《玩具总动员》（*Toy Story*）的评分（表9.1）。第一个因素就是《玩具总动员》在训练数据集中的平均评分。得到的估计值是 3.7 星。第二个因素——吉尔的慷慨度，是通过计算吉尔的平均评分然后减去训练数据集中相同电影的平均评分得到的。吉尔的平均评分是 4 星，而相同电影的平均评分是 3.1 星，因此，吉尔的慷慨度加成为 0.9 星。整体平均评分加上这个数就得到 4.6 星。接下来，在数据集中搜索先前评分与吉尔的评分相似的用户。找到的是伊恩和露西两人。他们两人给了《玩具总动员》5 星，这是下一个因素。第四个因素要求找到吉尔看过的、通常获得与《玩具总动员》相似评分的电影。最接近的是《海底总动员》（*Finding Nemo*）和《超人总动员》（*The Incredibles*）。吉尔给这两部电影的平均评分是 4.5 星。这又是一个因素。综上所述，我们对吉尔在《玩具总动员》中的评分有 4 个估计结果：3.7星、4.6 星、5 星、4.5 星。

表 9.1　电影评分数据集

	《玩具总动员》	《海底总动员》	《超人总动员》	《冰雪奇缘》
伊恩	5	4	4	2
吉尔	?	4	5	3
肯	1	2	1	4
露西	5	4	5	2

如果最后两个因素像通常那样最为可靠，我们可以使用权重如下：0.1、0.1、0.4、0.4。经过相乘和相加，得到的最终预测结果是 4.6 星。吉尔一定要看看《玩具总动员》！

尽管这种通用的方法很常见，但是各个团队借以做出预测的具体特征却各不相同。特征达 60 个以上的情况并不罕见。各个参赛团队还尝试了广泛的相似度指标和组合预测的方法。在大多数系统中，预测的细节是由数值控制的。然后对这些数值（或称**参数**）进行调整，以改进预测结果。例如，对权重参数进行微调以调整因素的相对重要性。一旦确定了需要哪些因素，评分预测的准确性就取决于是否能找到最佳参数值。

为了确定最佳参数值，参赛团队转向了机器学习（见第 5 章）。首先，团队划出训练数据集的一个子集用于**验证**（validation）。接下来，该团队对参数值进行猜测。运行一个预测算法来获得对验证数据集中评分的预测结果。测量这些估计值的预测误差。然后对参数进行微调，以减少预测误差。这些预测、评估和参数调整的步骤需要重复很多次。还需要监测各参数值与预测误差之间的关系。基于这种关系对参数进行不断调整，使误差达到最小。当误差不能进一步减小时，训练终止，将参数值冻结。这些最终的参数值被用于预测测试数据集中缺失的评分，并将结果提交给奈飞进行裁决。[1]

总体来说，训练算法的工作流程如下：

将训练数据集和验证数据集作为输入。

猜测最佳参数值。

重复以下步骤：

对验证数据集中的所有项执行预测算法。

将预测的评分与实际评分进行比较。

调整参数以减少误差。

当不再有进一步改善时，停止重复。

输出预测误差最小的参数。

机器学习方法的美妙之处在于，相比于人类，计算机能够进行的参数组合实验要多很多。

起初，各参赛团队进步很快。排名靠前的算法很快就比"电影匹配"提升了6%、7%和8%。然后，准确性不再提高。各个团队都研究了他们的验证结果，以找出哪里出了问题。这个绊脚石后来被称为"大人物拿破仑"（Napoleon Dynamite）问题。《大人物拿破仑》是最难预测评分的电影。大多数电影的评分都可以很容易地被预测到，因为数据集中存在类似的电影。《大人物拿破仑》的问题在于，没有任何与之相似的影片。这部电影是一部古怪的独立喜剧，当时已经成为一部很流行的邪典电影。人们要么喜欢它，要么讨厌它。这是那种朋友之间会为之争吵几个小时的电影。

尽管《大人物拿破仑》是最难预测评分的电影，但它并不是唯一一部这样的电影。当时有不少电影难以预测评分，足以让算法开发陷入停滞。一些参赛者开始怀疑准确性提高10%是否真的有可能做到。

比赛开始两年后，有那么几位参赛者意识到，前进的道路终究还是存在的。每个团队都设计了自己的定制算法。每种算法都有自己独特的优点和缺点。在许多情况下，参赛算法的优缺点是互补的。研究团队意识到，将多种算法的估计结合起来，可以提高预测准确性。人们再一次使用机器学习，以确定结合各种预测的最佳方法。

准确性再次开始提高。算法之间差异越大，结合后的综合结果就越好。各团队争相将他们的算法与其他高性能解决方案进行整合。这场比赛在疯狂的团队合并和同化中达到了高潮。

2009 年 9 月 21 日，"贝尔科实用混沌"（BellKor's Pragmatic Chaos）团队获得了奈飞大奖。该团队取得了比"电影匹配"提升 10.06% 的成绩。该团队是个融合团队，由来自美国 AT&T 研究所的"科贝尔"（KorBell）团队、来自奥地利的"大混沌"（Big Chaos）团队和来自加拿大的"实用理论"团队合并而成。总而言之，这是一个由 7 个在全球各地工作的人组成的团队，成员间主要通过电子邮件进行沟通。当然，融合团队意味着 100 万美元的奖金会被分成 7 份。尽管如此，这也是一笔不错的收入。同样是努力了 3 年，排名第二的团队仅以 10 分钟之差落败，十分可惜。

然而事态随后发生了反转，奈飞决定不使用获胜的算法。该公司已经用早期阶段的获胜算法取代了"电影匹配"。奈飞认为 8.43% 的改进已经足够好了，并将其保持在这个水平。

这个比赛取得了巨大的成功。共有来自 186 个国家的 51 051 名选手组成了 41 305 支队伍参赛。

在比赛进行期间，奈飞宣布从光碟租赁业务转向互联网电影在线流媒体服务。该公司很快就完全停止了光碟租赁服务。如今，奈飞是全世界最大的互联网电视网络，拥有超过 1.37 亿用户。马克·伦道夫于 2002 年离开奈飞。他现在是几家科技公司的董事会成员。里德·黑斯廷斯继续担任奈飞的 CEO。他也是脸书的董事会成员。黑斯廷斯目前在《福布斯》的亿万富豪榜（2019 年）上排名第 504 位。

麦肯锡最近报告称，75% 的奈飞浏览量依靠系统推荐。奈飞估计，个性化服务和电影推荐服务通过提高客户留存率每年为公司节省了 10 亿美元。

2009 年，大数据结合机器学习可以预测几乎任何事情的趋势，已经初见端倪。

谷歌流感趋势

那一年，《自然》杂志上一篇夺人眼球的论文提出，对谷歌网络搜索查询进行数据分析可以追踪流感样疾病在美国的传播。这个概念在直觉上很有吸引力。感觉不舒服的人经常使用谷歌网络搜索来查询他们的症状。与流感相关的用户查询词条激增很可能预示着流感的暴发。

这是一项意义重大的声明。季节性流感是一个重要的健康问题。每年，全球有数千万流感病例，导致数十万人死亡。此外，还有一种持续存在的风险，即这种疾病可能会演化出一种新的、毒性更强的毒株。1917—1918 年的流感大流行造成了 2 000 万到 4 000 万人死亡——比第一次世界大战的死亡人数还要多。

这篇论文的作者使用机器学习来探索谷歌搜索查询词条与真实世界流感统计数据之间的关系。流感统计数据由美国疾病控制与预防中心（Centers for Disease Control and Prevention，CDC）提供。CDC 监控美国各地医院和医疗中心的门诊就诊情况。该研究小组将同一时期同一地区的流感相关就诊数量占比与谷歌流感相关查询词条占比的区域数据进行比较。该算法纳入了 5 000 万个候选的谷歌查询词条，将每个查询词条的发生模式与观测到的流感统计数据进行比较。研究人员确定了 45 个搜索查询词条，其发生模式与 CDC 数据中的流感暴发关系紧密。然后，这些搜索查询词条被用来预测流感。

研究小组在完全不同的时间段内预测流感相关就诊数量的占比，以此来评估他们的算法。他们发现，该算法能够提前一到两周预测 CDC 的数据，具有一致性和准确性。这项研究被认为是成功的。似乎通过分析谷歌的搜索词条就可以预测流感。为了帮助医疗机构，谷歌推出了谷歌流感趋势（Google Flu Trends）网站，为大家提供流感病例数量的实时估计。

这一举措广受好评。大数据和机器学习在全国范围内免费提供实时医疗信息。然而，一些研究人员对此持怀疑态度。他们对这项研究的某些方面感到担忧。该算法使用了季节性流感数据进行训练。如果这45个搜索查询词条是与季节有关而非与流感本身有关呢？原始论文指出，"高中篮球"这个查询词条与CDC的流感数据有很好的相关性。高中篮球赛季恰逢冬季流感季节，但高中篮球本身并不能说明谁真的得了流感。研究人员从系统中排除了篮球的查询词条，但如果其他季节相关性词条也隐藏在数据中呢？

非季节性甲型流感病毒（H1N1）的暴发首次提供了检验上述正反两方主张的机会。H1N1疫情开始于夏季而非冬季，并分成两波来袭。这一次，算法的预测与CDC的数据不相符。为了应对此事，该团队修改了训练数据集，令其包含季节性和非季节性流感事件。他们还纳入了不太常见的搜索查询词条。经过一系列修改，修正后的算法准确预测了两波H1N1疫情。

一切似乎都很顺利，直到2013年2月《自然》杂志上发表了一篇论文。那年冬天，流感季节来得很早，是2003年以来最早的一次，而且比往年更为严重，导致死亡人数异常地多，尤其是在老年人群体当中。流感趋势将CDC的数据峰值高估了50%以上，这是一个巨大的误差。很快，更多的谷歌流感趋势误差被报告出来。一个研究小组甚至证明，谷歌流感趋势预测的准确性还比不上如今基于两周前CDC数据的流感预测。在一片喧嚣中，谷歌流感趋势关停了。

到底是哪里出错了？

事后看来，原始研究进行训练使用的CDC数据太少了。CDC的数据太少，而查询词条太多，以至于有些查询词条必须与数据强行匹配。

很多匹配都是随机的。统计数据是碰巧被匹配上，但这些查询词条的出现并不是任何人真正感染了流感的结果。换句话说，查询词条和流感数据是相关的，但两者之间没有因果关系。其次，训练数据中捕捉到的流行病的多样性不足。那些流行病几乎都发生在一年中的同一时间段，以相似的方式进行传播。算法对非典型疫情暴发一无所知。任何偏离常规的数据都会让它不知所措。最后，媒体炒作和公众对 2013 年死亡病例的关注可能导致流感查询词条数量不成比例地增加，进而导致算法估算过度。

问题的极限是，机器学习算法的准确度最多只能达到提供给算法的训练数据所能达到的程度。

谷歌流感趋势出现以后，**临近预测**（nowcasting）的科学有了显著的进展。在联网的数据收集设备和分析算法的支持下，现在可以大规模和低成本地确定现实世界的各种情况。将情感分析应用于推特帖子上，可以预测票房和选举结果。收费站的收入被用来实时评估经济活动。智能手机中的运动传感器已经被用于监测地震。毫无疑问，在未来，当我们有了更为可靠的健康传感器时，我们将再次审视疾病流行的临近预测。

与此同时，在 2005 年，也就是奈飞大奖赛开始的前一年，IBM 的一群高管正在搜寻新的计算奇观。1997 年，国际象棋世界冠军加里·卡斯帕罗夫（Garry Kasparov）被 IBM 的"深蓝"计算机击败，这一消息登上了世界各地的新闻头条。那次胜利更多是与计算机芯片设计有关，而非新颖的算法。尽管如此，该事件仍然是载入计算机史册上的一个里程碑。IBM 希望能在新千年再创佳绩。这项挑战必须精心挑选：它得是一个看似不可能的壮举，却能够吸引公众的注意力，得是一个真正神奇的东西……

第 10 章

全美最受欢迎的智力竞赛节目

就我个人而言，我欢迎我们的新计算机霸主。

肯·詹宁斯（Ken Jennings）
于《危险边缘》节目，2011 年

IBM 的 T. J. 沃森研究中心（T. J. Watson Research Center）位于纽约州约克敦海茨市的一座未来主义建筑中。建筑低矮的半圆形门面从入口处滑向建筑末端的消失点。透过三层楼高的黑框平板玻璃窗可以看到外面树木繁茂的公园。该中心因在电子学和计算机领域的一系列历史性突破而闻名于世。然而不同寻常的是，在 2011 年初的大雪时节，沃森研究中心成了一个电视游戏节目的举办地。

《危险边缘》是美国的一个电视节目。该节目自 1964 年以来几乎一直在播出。每一集中，三名选手通过响铃抢答展开竞争，以赢得现金奖励。这个节目的独特之处在于，问答比赛的主持人负责给出"答案"，而参赛者负责提供"问题"。事实上，主持人的"答案"其实是神秘的线索。而参赛者的回答则是以问题的形式提交的。例如，线索是这样的：

有一个传说提到，它来自湖中仙女，在亚瑟王死后被扔回了湖里。

应该获得的回应是：

王者之剑（Excalibur）是什么？

2011 年，IBM 也参与了比赛。该公司开发了一款能玩《危险边缘》的计算机，取名"沃森"。沃森的对手是《危险边缘》历史上最强的两位选手——肯·詹宁斯和布拉德·拉特（Brad Rutter）。奖金高达 100 万美元。

肯·詹宁斯保持着最长的连胜纪录——74 场连胜。一路走来，他已经获得了 250 万美元的奖金。时年 36 岁的詹宁斯在参加《危险边缘》获得成功之前，曾是一名计算机程序员。[1]

布拉德·拉特则获得了《危险边缘》比赛历史上最高的总奖金——共 325 万美元。拉特比詹宁斯小 4 岁，在首次登上节目之前，他在一家唱片店工作。

IBM 参加《危险边缘》挑战赛的种子是在 6 年前种下的。当时，IBM 管理层正在谋划一场壮观的计算事件。他们想要的是一个能够激发公众想象力并展示 IBM 最新机器能力的活动。

带着这样的想法，IBM 研究部主任保罗·霍恩（Paul Horn）碰巧在当地一家餐厅参加团队聚餐活动。吃到一半时，其他就餐者成群结队离开餐桌，聚集到酒吧那边。霍恩转向他的同事问道："发生了什么事？"同事告诉霍恩，其他人都去看电视上的《危险边缘》节目了。肯·詹宁斯正在尝试延续他的连胜纪录。半个国家的人都想看看他能不能继续连胜下去。霍恩顿住了，他在思考计算机能不能参加《危险边缘》。

回到研究基地后，霍恩向他的团队提出了这个想法。团队成员不喜欢这个想法。大多数研究人员认为，计算机在《危险边缘》比赛里毫无胜算。比赛的主题太广泛了。比赛问题太难以捉摸了。其中有双关语、玩笑话和话中话——所有这些都是计算机不擅长处理的东西。不管怎样，少数几个员工决定试一把。

其中一名志愿者戴夫·费鲁奇（Dave Ferrucci）后来成为该项目的主要研究者。费鲁奇毕业于纽约伦斯勒理工学院（Rensselaer Polytechnic Institute），在获得计算机科学博士学位后直接加入了 IBM 研究中心。他的专长是知识表征与推理。他将用到这方面的专业知识，因为他面对的是最困难的自然语言处理和推理的挑战。

IBM 在该团队最新研究的基础上建造了第一台原型机。这台机器玩起智力竞赛游戏来与 5 岁孩子的水平差不多。要达到参加挑战赛的水平绝非易事。25 名 IBM 研究中心的科学家将在接下来的 4 年里建造沃森。[2]

到了 2009 年，IBM 有了足够的信心打电话给《危险边缘》的制作人，提议他们对沃森进行测试。节目主管们安排了一场对阵两名人类选手的试验。沃森的表现一点也不好。它的表现很不稳定——有些回答是正确的，有些则错得离谱。沃森很快就成了问答比赛主持人的嘲笑对象。计算机成了演播厅里的傻瓜。它还没有做好准备。

一年后，IBM 再次参赛。这一回，沃森获得了电视节目制作人的认可。

游戏正式开始。

那场比赛在沃森研究中心录制，随后连续转播了 3 天（2011 年 2 月 14 日至 16 日）。

主持人是《危险边缘》的常客亚历克斯·特里贝克（Alex Trebek）。特里贝克身穿灰色西装、粉色衬衫、红色领带、戴着金属丝框眼镜，站在舞台中央——他就是沉着老练的象征。他的白发修剪得整整齐齐，棕色的眼睛看起来犀利而机警。他讲话时流畅的音色吸引人们的注意。在华丽的紫色和蓝色布景的左边，有一个巨大的屏幕，上面显示着比赛内容。在右边，参赛者们站在印有他们的名字和奖金总额的个人站台后面。

詹宁斯和拉特旁边是一台显示动画图形的计算机显示器。这个动画是一个头上带感叹号的蓝色世界卡通图形，它是沃森的可视化形象——那台计算机的化身。这台机器的机械拇指不怀好意地放在响铃抢答器上。詹宁斯系着黄色领带，身穿淡紫色衬衫和深色夹克。他姜棕色的头发梳着偏分发型。拉特的衬衫是开领的，外面套了一件黑色夹克，装饰着时髦的口袋方巾。拉特的头发是深棕色的。他的胡子介于有型短须和络腮胡之间。演播厅里挤满了 IBM 的高层、研究人员和工程师。站队倾向鲜明的人群活力满满、吵吵闹闹且热情洋溢。这是沃森的主场比赛。

拉特选择了一个类别。特里贝克读出了比赛的第一条线索。同时，一个同样的文本文件被提供给沃森。这条线索是：

含 4 个字母的单词，表示有利位置或信念。

拉特第一个按下响铃抢答器：

视野 / 观点（view）是什么？

回答正确。拉特获得 200 美元。特里贝克：

含 4 个字母的单词，指马蹄上的铁配件或赌场里用来发牌的箱子。

沃森这次第一个抢答：

马蹄铁 / 发牌盒（shoe）是什么？

回答正确。沃森获得400美元。电视摄像机拍下了观众中费鲁奇的笑脸。

　　线索从披头士乐队到奥运会都有涉及。第一场比赛结束时，参赛者的比分很接近。詹宁斯落后2 000美元，沃森和拉特各自获得5 000美元。

　　在第二场比赛中，沃森开局表现不错，但它的一些回答显然很古怪。对于线索：

　　　　美国城市：它最大的机场是以一位二战英雄的名字命名的，也是第二大的二战参战机场。

沃森的回答是：

　　　　多伦多是什么？

正确答案是芝加哥。多伦多甚至不在美国。

　　尽管如此，沃森还是赢得了那场比赛。第二场比赛的最终比分是：沃森获得35 734美元，拉特获得10 400美元，詹宁斯只获得了区区4 800美元。

　　在第三场比赛中，对阵还在继续。一开始，詹宁斯和沃森并驾齐驱，领先于拉特。沃森找到了一个线索的正确答案，获得了一个每日双倍奖金。费鲁奇高兴地挥舞着拳头。詹宁斯明显是心态崩溃了。他后来说：

　　　　那一刻我就知道一切都结束了。

　　最终的累计分数是沃森获得77 147美元，詹宁斯获得24 000美元，拉特获得21 600美元。IBM的沃森获胜。在当时的那种情况下，IBM

将 100 万美元的头奖奖金捐给了慈善机构。

赛后，拉特表示：

> 我本以为这样的技术还需要很多年才能实现。

对话型人工智能似乎第一次变得触手可及了。詹宁斯表示：

> 我想我们今天见识了重要的东西。

沃森是如何完成看似不可能完成的任务的？

当然，沃森的处理能力和惊人的内存容量是计算机获得成功的一部分原因。

沃森的硬件是最先进的。这台机器是由 100 台 IBM Power 750 服务器组成的网络，共有 15 万亿字节内存和 2 880 个处理器核心。满负荷运行时，该设备每秒可执行 80 万亿次计算。

沃森拥有海量的数据。节目规则要求在比赛进行时，机器必须断开互联网连接。在开发过程中，该团队向沃森下载了 100 万本书。各种重要文件都被塞进了它的内存里，包括教科书、百科全书、宗教文本、戏剧、小说和电影剧本。

尽管有这些基础，沃森成功的真正秘密还是在于它的算法。

沃森的秘密武器

沃森的软件是数百种协作算法的混合体。首先，**解析器**（parser）算法将线索分解为各个语法成分。接着解析器确定线索中的每个单词属于哪种词性。这是通过在词典中查找单词来完成的。

假设线索是：

诗人和诗歌：1907 年发表《酸面包之歌》（*Songs of a Sourdough*）之前，他曾在育空地区担任一名银行职员。

沃森发现"他"是一个代词，"担任"是一个动词，而"银行职员"是一个复合名词。

基于识别出的句子的结构，解析器提取出单词之间的关系。例如，沃森检测到"他"和"银行职员"之间有"担任"的关系，以及"他"和《酸面包之歌》之间有"发表"的关联。此外，它还发现了"他"和"育空"之间的"在"的关系。

在找到单词之间的明确关系后，沃森会进一步寻找它们之间隐含的联系。在类义词词典（thesaurus）中查找原始单词以找到它们的同义词。这可以让我们在更深层次上理解线索的含义。例如，"发表"关系意味着有一个"……的作者"的联系。

一旦提取出了各种关系，就可以确定线索的**元素**。这是通过将一组"如果-那么-否则"的规则应用于解析器输出来完成的。3 个主要元素得以确立：**线索焦点**、**答案类型**和**问题分类**。线索的焦点是指线索引导选手关注的人物、事件或事物。答案类型是焦点的本质。问题分类是线索所属的类别。可能的类别包括事实陈述、定义、多项选择、谜题和缩写。在该举例中，焦点是"他"——一个男性个体；答案类型为"职员"和"作家"（隐含）；此外，问题分类是"事实陈述"——一条简短的事实信息。

一旦完成线索分析，沃森就会在数据库中搜索答案。沃森会发起很多次搜索，这些搜索会访问沃森存储库中的**结构化**数据和**非结构化**数据。结构化数据是指在组织结构清晰的表格中保存的信息。结构化表格数据非常适合查找事实陈述类信息。例如，沃森可以在一个包含知名歌曲名称和作者的表格中查找《酸面包之歌》。然而，考虑到这首诗歌很冷门，这一次搜寻很可能不会有结果。

非结构化数据是指没有正规组织结构的信息。非结构化数据包括文本文档中的信息，如报纸或书籍。其中包含了大量的知识，但计算机很难解释。从非结构化数据中检索有用的信息被证明是构建沃森的最大难题之一。最后，研究小组发现了一些极其有效的技巧。

一种方法是在百科全书中搜索那些提到线索中所有单词的文章。通常情况下，文章的标题就是匹配度最佳的答案。例如，在维基百科中搜索"银行职员育空酸面包之歌1907年"，会返回一篇题为《罗伯特·W. 瑟维斯》（Robert W. Service）的文章。这就是正确答案。

另一个选择是用线索的焦点作为关键字检索维基百科，寻找到一个相应的词条。然后，算法在选定文章的正文中寻找所需的信息。例如，沃森在处理"亚历山大·克瓦希涅夫斯基（Aleksander Kwasniewski）在1995年成为这个国家的总统"的线索时，会在维基百科上查找一篇题为《亚历山大·克瓦希涅夫斯基》的文章。计算机扫描文章，查找其中最常出现的国家名。

为了能得到准确的结果，沃森发起了一系列这样的搜索。

对于得到的候选答案，通过计算它们能在多大程度上满足线索要求来进行评估。对答案和线索的每一个方面都进行比较和评分，得分最高的答案被选为最佳解，将该分数与一个固定的阈值进行比较。如果分数超过阈值，沃森将把解决方案重新表述为一个问题，并按下响铃抢答器。如果被点名，沃森会把问题提供给问答比赛主持人。

沃森起源于20世纪七八十年代的**专家系统**（expert system）和**基于案例推理**（case-based reasoning，CBR）的技术。

专家系统使用手写的"如果–那么–否则"规则将文本输入转换为输出。第一个流行的专家系统MYCIN是由斯坦福大学的爱德华·费根鲍姆（Edward Feigenbaum）的团队开发的。它被设计用来帮助医生确定感染是细菌性的还是病毒性的。细菌感染可以用抗生素治疗，而病毒感染对药物治疗没有反应。医生通常会过度开出抗生素处方，错误地推荐使用抗生素对抗病毒感染。MYCIN 通过询问一系列问题来帮助开处方的医生。这些问题询问的是病人的症状和诊断检查的结果。问题的顺序是由手动定制规则的列表决定的，列表被嵌入 MYCIN 的软件当中。MYCIN 的最终诊断——细菌性还是病毒性——是根据一套由医学专家定义的规则来判定的。

CBR 系统比专家系统具有更灵活的决策机制。人们普遍认为，第一个有效的 CBR 系统是由耶鲁大学的珍妮特·科洛德纳（Janet Kolodner）开发的 CYRUS。CYRUS 是一个自然语言信息检索系统。该系统保存着美国国务卿塞勒斯·万斯（Cyrus Vance）和埃德蒙德·马斯基（Edmund Muskie）的传记与日记。通过引用这些信息源，CYRUS 进入与用户的对话，回答有关这两位国务卿的问题。例如：

问：塞勒斯·万斯是谁？

答：美国国务卿。

问：他有孩子吗？

答：是的，有 5 个。

问：他现在在哪里？

答：在以色列。

CYRUS 通过将查询词条与文档中的段落进行匹配来生成候选答案。所有找到的匹配结果都会根据相似度进行打分，得分最高的候选答案将被恰当地表述出来并返回给用户。

专家系统的主要缺点是，每个规则和考虑的点必须手动编程到系统中。另一方面，CBR 系统则要求问题和源材料中每一个潜在的语言上的细微差别都经由程序处理。由于自然语言的复杂性，问题和有效答案之间的映射复杂而曲折。算法必须处理各种扑朔迷离的句子结构。各种双关语、笑话和话中话使问题更加难以应付。输入文本和参考文档中语言的每一个微妙之处，都使 CBR 算法更加复杂。

沃森在《危险边缘》游戏中的成功取决于线索。《危险边缘》采用了很多但数量有限的问题类型。经过艰苦的努力，该团队成功编写出了处理《危险边缘》中最常见的线索样式的算法。如果《危险边缘》的制作人突然改变线索的格式，沃森就会难于应对。相比之下，沃森的人类对手可能就完全能适应。沃森的程序是专门用来处理《危险边缘》线索的，没有其他的功能。尽管沃森看起来是个天才，但其实它什么也不懂。它只是根据预定义的规则摆弄单词。沃森只是比之前的任何自然语言处理系统拥有更多的规则和数据。

然而，IBM 开发沃森并不只是为了参加《危险边缘》挑战赛：

> ［沃森］将会被用于深度分析和自然语言理解方面的研究。这是为了利用技术来解决人们真正关心的问题。

挑战比赛结束后，IBM 成立了一个业务部门，对构建沃森的过程中研发出的技术进行商业开发。该业务部门现在专注于研发医疗保健应用程序，特别是各种疾病的自动诊断。不过，事实证明，对沃森高度定制的算法进行重新定位是非常棘手的。就连 IBM 的高管也承认，进展比预期慢。

事后看来，参加《危险边缘》挑战赛的沃森的版本是 CBR 技术的巅峰之作。更强大的人工智能技术正蓄势待发。在沃森的身上，我们隐约可见即将到来的革命。不难发现，一些微型人工神经网络增强了沃森的决策能力。这些网络是未来的预兆。专家系统和 CBR 作为 AI 的古老形式，即将被一场海啸淹没。

第 11 章

模仿大脑

因此，回忆的机制和联想的机制是一样的，而联想的机制，正如我们所知，只不过是神经中枢中习惯的基本规律。

威廉·詹姆斯（William James）

《心理学原理》（*The Principles of Psychology*），1890 年

人类天生具有识别模式的能力。在短短几年的成长过程中，孩子们能学会识别面孔、物体、声音、气味、质地和口语词汇。整个 20 世纪，研究人员试图设计出与人类在模式识别上能力相当的算法，但都以失败告终。为什么计算机在算术方面如此出色，却在模式识别方面如此糟糕？

为了更好地理解这个难题，我们来设想开发出一个能识别照片中的猫的系统。

第一步是将图像转换为计算机可以处理的数字数组。数码相机的镜头将光线聚焦到电子传感器的网格上。每个传感器将光度转换为 0 到 1 范围内的数字。在**灰度**（greyscale）图像中，0 表示黑色，1 表示白色，介于两者之间的值代表不同色度的灰色。每个数字都对应于图像中的一个点，或称**像素**（pixel）。数字数组是对图像的数字近似值。至此一切

都很简单。模式识别的挑战不在于创建数字图像，而在于编写能够理解这些数字的算法。

困难来自现实世界图像具有可变性。首先，猫的品种有很多。猫可以是胖的或瘦的、大的或小的、有毛的或无毛的，毛色可以是灰色的、棕色的、白色的或黑色的，可以有尾巴或没有尾巴。其次，猫可以摆出许多姿势中的任何一种——它可能是躺着的、坐着的、站着的、走着的或跳着的。它可以直视相机，或向左看、向右看，抑或者背对着镜头。最后，这张照片可能是在各种不同的条件下拍摄的。它可能是白天或晚上拍的，可能是闪光摄影、特写或长镜头拍摄的。编写出一个能应对每种情况的算法是极其困难的。每一种可能性都需要一个新规则，它必须能与所有旧规则相互作用。很快，规则之间就开始发生冲突。最终，算法开发陷入停滞。

有几位计算机科学家没有走编写数百万条规则的路，而是选择了另一个探索方向。他们的观点很简单。如果世界上最好的模式识别引擎是人类的大脑，为什么不直接复制它呢？

大脑细胞

20 世纪初，神经科学家已经对人类的神经系统有了基本的了解。这项工作的先驱是西班牙神经科学家圣地亚哥·拉蒙-卡哈尔（Santiago Ramón y Cajal），他在 1906 年获得了诺贝尔生理学或医学奖。

人类的大脑由大约 1 000 亿个细胞组成，这些细胞称为**神经元**。单个神经元由 3 种结构组成：一个中央胞体，一组被称为**树突**的输入纤维，以及一些被称为**轴突**的输出纤维。当在显微镜下观察时，细长的束状树突和轴突从球根形状的中央胞体延伸出去，一边延伸一边分叉。每一个轴突（输出）通过一个叫作**突触**的微小缝隙与另一个神经元的树突

（输入）相连。大脑中的神经元之间有大量的相互连接。一个神经元可以连接多达 1 500 个其他神经元。

大脑是通过一个神经元向另一个神经元发送电化学脉冲来运作的。当神经元**放电**时，它会从中央胞体向所有的轴突发送脉冲。这个脉冲会被传送到所连接神经元的树突上。脉冲的作用是**刺激**或**抑制**接收信号的神经元。在某些树突上接收到的脉冲会引起兴奋，而在其他树突上接收到的脉冲会引起抑制。如果一个神经元从一个或多个其他神经元中获得足够多的兴奋信号，它就会放电。一个神经元的放电可以引发其他神经元级联式放电。相反，抵达抑制性神经输入的脉冲则会降低兴奋水平，使神经元被激活的可能性降低。兴奋或抑制的水平受到输入脉冲的频率和接收树突的灵敏度的影响。

加拿大神经心理学家唐纳德·赫布（Donald Hebb）发现，当神经元持续放电时，接收信号的神经元的树突会发生变化。它们对发出信号的神经元会更加敏感。因此，接收信号的神经元变得更容易做出反应。赫布的发现揭示了生物神经网络中的**学习效应**（learning effect）——过去的经验会决定未来的活动。这一发现为单个神经元的工作方式和大脑的高级学习能力之间提供了一个关键的联系。

1943 年，两位美国研究人员提出，神经元的活动可以用数学方法来模拟。这个提议既激进又有趣。

沃尔特·皮茨（Walter Pitts，图 11.1）是一个天才儿童。皮茨来自底特律的一个贫困家庭，他从公共图书馆的书上自学了数学、希腊语和拉丁语。有一天他在图书馆的走廊上浏览时，看到了《数学原理》（*Principia Mathematica*）。这部巨著非常艰涩，它建立了数学的逻辑基础。在阅读这本书时，皮茨发现了许多瑕疵。他给作者之一的伯特兰·罗素（Bertrand Russell）写了一封信，指出了这些错误。罗素很高兴，给皮茨回了信，邀请皮茨到剑桥大学和他一起学习。不幸的是，皮茨去不了。他当时才 12 岁。

图 11.1 沃尔特·皮茨〔照片来自科学图片库（Science Photo Library）〕

　　15 岁那年，皮茨听说罗素计划到芝加哥大学做报告。他离家出走，并一去不复返。他偷偷溜进罗素的讲座听讲，随后在大学里找了一份卑微的工作。无家可归的皮茨碰巧和年轻的医学院学生杰尔姆·莱特文（Jerome Lettvin）成了朋友。莱特文看到了皮茨的特殊之处，便把他介绍给了沃伦·麦卡洛克（Warren McCulloch）。

　　麦卡洛克是伊利诺伊大学的教授，比皮茨年长 24 岁。与皮茨的童年形成鲜明对比的是，麦卡洛克生长在东海岸一个富裕的专业人士家庭。在获得神经生理学学位之前，麦卡洛克主修心理学。麦卡洛克和皮茨这对不太可能的搭档，就麦卡洛克的研究展开了深入的对话。当时，麦卡洛克正试图用逻辑运算的方法来表征神经元的功能。皮茨领会了麦卡洛克的意图，并提出了另一种数学方法来解决这个问题。在看到这个年轻人的潜力和困境后，麦卡洛克邀请皮茨和莱特文与他和他的妻子居住在一起。

在这个新居安顿下来后，皮茨和麦卡洛克一起工作到深夜。他们提出了神经元的状态可以用数字来表示的想法。此外，他们还设想相互连接的神经元的放电模式可以通过方程的方式来进行模拟。他们开发出数学模型，用来证明神经元网络可以执行逻辑运算。他们甚至证明这种网络可以具有图灵机（见第 3 章）的一些功能。

在麦卡洛克的帮助下，皮茨获得了 MIT 的研究生资格，尽管他都没有完成高中学业。数学教授诺伯特·维纳（Norbert Wiener）是皮茨在 MIT 的导师之一，他引导皮茨研究**控制论**（cybernetics），即自我调控系统的学问。这门学科涵盖了从生物学到机器的各种自我调控系统。也许最常见的实例是如今的恒温控制加热系统。皮茨、维纳、麦卡洛克和莱特文组成了一个松散的小组，对这个领域开展更深的研究。他们联系了志同道合的研究人员，比如约翰·冯·诺伊曼。后来，莱特文这样评价控制论学家们：

毫无疑问，［皮茨］是我们团队里的天才。他在化学、物理以及一切你能讨论的学科如历史、植物学等方面的学识都是无可比拟的。当你问他一个问题时，你会得到一整本教科书。对他来说，世界以一种非常复杂而奇妙的方式连接在一起。

1952 年，麦卡洛克受维纳邀请，在 MIT 领导一个神经科学项目。他抓住了再次与皮茨合作的机会，并迅速搬去了波士顿。不幸的是，皮茨开始与忧郁情绪和酒精成瘾做斗争。维纳突然切断了与皮茨、麦卡洛克和莱特文的一切联系，没有留下任何解释。在挣扎中，皮茨陷入了抑郁。1969 年，他死于与酗酒相关的疾病，年仅 46 岁。4 个月后，麦卡洛克因心脏病去世，享年 70 岁。他们的遗产是人工神经网络的数学基础。

人工神经网络

世界上第一个人工神经网络（artificial neural network，ANN）是由 MIT 的贝尔蒙特·法利（Belmont Farley）和韦斯利·克拉克（Wesley Clark）于 1954 年建立的。两人在计算机程序中对神经元放电做了一个简单的模拟。他们用数字来表示神经元的状态，并跟踪输入和输出的灵敏度。他们将神经网络编程为能识别用简单的二进制数字（1 和 0 的序列）表征的图像。虽然法利和克拉克是第一个构建 ANN 的，但推广 ANN 概念的人是弗兰克·罗森布拉特（Frank Rosenblatt，图 11.2）。

罗森布拉特出生于 1928 年，来自纽约州的新罗谢尔市。他在康奈尔大学学习并获得心理学博士学位，然后在该校担任教职。首先，他于 1957 年在一台 IBM 计算机上模拟了一个 ANN。后来，为了提高处理速度，他在 1958 年以电子设备的形式构建了一个 ANN：马克 1 号感知器。罗森布拉特将感知器设计用来识别图像中的简单形状。图像（只有 20×20 像素）从黑白相机输入感知器。感知器模拟了一小部分神经元网络的行为。网络输出由一组神经元输出组成，每个输出对应一种要识别的形状。最高的输出值提示了在图像中发现了哪种形状。

虽然感知器的功能非常有限，但罗森布拉特是一个有说服力的传播者。在他的一场新闻发布会之后，《纽约时报》写道：

> 美国海军今天公布了一台电子计算机的雏形，预期它将能够走路、说话、看见、书写、自我繁殖并意识到自身的存在。据预测，未来的感知器将能够认出人并叫出他们的名字，并立即将一种语言的语音翻译成另一种语言的语音和文字。

罗森布拉特的预测与现实之间的差距是巨大的。尽管如此，他的演示、论文和著作在将 ANN 的概念传播到其他研究机构方面，发挥了很大的

图 11.2 马克 1 号感知器的发明人弗兰克·罗森布拉特，1950 年（逝世校友档案，#41-2-877。康奈尔大学图书馆，珍本手稿收藏部）

作用。

感知器是一个**分类器**——它能确定给定输入属于哪个**类**，或称类别。在罗森布拉特的案例中，感知器的输入是某种形状的图像。感知器的目标是确定形状是圆形、三角形还是正方形。这些形状就是被识别出的类。

感知器由一层或多层人工神经元组成。每个神经元都有多个输入和单个输出（图 11.3）。输入或输出信号的强度用数字表示。神经元的输出是根据它的输入计算出来的。每个输入乘以一个**权重**。权重模拟了神经元对特定输入信号的敏感度。所有加权的输入值被与一个**偏置值**加到一起，得出神经元的**兴奋值**。将兴奋值代入一个**激活函数**。在感知器中，激活函数是一个简单的阈值运算。如果兴奋值大于阈值（一个固定的数值），那么输出为 1。如果它小于阈值，则输出为 0。对于整个神经网络，该阈值都是固定的。由激活函数产生的 0 或 1 就是神经元的最终输出。

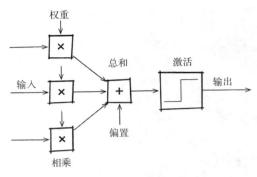

图 11.3　人工神经元

神经元的权重和偏置值统称为网络的**参数**。它们的值决定了神经元放电（也就是输出为 1）的条件。参数可以为正数或负数。对正权重输入 1 会增加神经元的兴奋值，使其更容易放电。反之，输入 1 乘以负权重会降低神经元的兴奋值，使其更不容易放电。偏置值决定了在神经元超过固定阈值并放电之前需要输入多少兴奋值。网络正常运行时，参数是固定的。

感知器接受很多个输入（图 11.4）。例如，罗森布拉特的 20 × 20 像素图像被通过 400 个连接输入感知器中。每个连接都有一个 0 或 1 的值，这取决于相关的像素是黑色还是白色。输入连接的值被提供给网络的第一层：输入层。[1] 第一层的神经元各自只有单一的输入连接。然后，一个层的输出被作为输入提供给下一层。在一个**全连接**的神经网络中，一个层的所有输出都被输入下一层的每个神经元。输入层的输出连接到第一**隐藏层**。隐藏层是那些不直接连接到网络输入或输出的层。在一个简单的神经网络中，可能只有一个隐藏层。隐藏层之后就是输出层。这一层神经元的输出就是最终的网络输出。每个输出神经元对应一个类。理想情况下，只有与被识别类相关的神经元才会放电（输出为 1）。

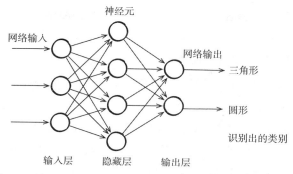

图 11.4 有 3 个输入、2 个全连接层和 2 个输出类的感知器

综上所述，一个 ANN 的模拟过程如下：

取网络输入值。

对每一层重复以下步骤：

对层中的每个神经元，重复以下步骤：

将总兴奋值设为与偏置值相等。

对神经元的每一个输入，重复以下步骤：

将输入值乘以输入权重。

加入总兴奋值中。

当所有输入都处理完毕后，停止重复。

如果兴奋值大于阈值，

那么将神经元输出设为 1，

否则将神经元输出设为 0。

当整个层处理完成后，停止重复。

当所有层都处理完后，停止重复。

输出与最大网络输出值相关联的类的名称。

ANN 的整个运行过程可以通过想象神经元在放电时被点亮来可视化。输入被提供给网络，这将驱动 1 和 0 进入输入层。一些神经元放电，向隐藏层发送一些 1。这刺激了一些隐藏神经元，结果是它们放电。这会刺激输出层的某个神经元。这个输出神经元放电，表明在网络输入处观察到了哪种模式。

每个神经元都会针对输入做出微小的决定。大量相互连接的神经元协同工作，可以对输入的性质做出复杂的判断。识别复杂模式的能力来自所有这些微小决策的统筹协调。

在 ANN 的设计中存在两个挑战。第一个挑战是选择合适的**拓扑**（topology）。这是指神经网络中神经元的排列连接方式。拓扑结构决定了层的数量、每层含神经元的数量以及它们之间的相互连接关系，拓扑会影响网络能够处理任务的复杂度。一般来说，更复杂的模式识别任务需要更多的神经元和层。第二个挑战是确定网络参数的值。参数控制着网络的行为。网络要正确地对输入进行分类，参数值必须恰当。

罗森布拉特根据经验和试错来选择他的网络拓扑结构，这一点直到今天都没有真正改变。

对于一个给定的拓扑结构，罗森布拉特使用一个训练过程来找到有效的参数值。训练过程从随机参数开始。罗森布拉特随后向网络提供一些示例输入，并检查输出是否正确。如果不正确，他就调整参数，直到感知器能够给出正确的答案。他对一组输入示例重复这个过程。训练结束后，罗森布拉特用以前从未见过的输入对感知器进行测试，以评估它的准确性。罗森布拉特将他的训练方法称为**反向传播误差校正**（back-propagating error correction）。更简单的说法是，他不停地转动感知器的旋钮，直到它工作为止。该方法虽然费力，但在识别少量简单形状时，仍有相当好的效果。

感知器在 20 世纪 60 年代末遇到了批评和争议。马文·明斯基[2]和西摩·佩珀特出版了一本名为《感知器》（*Perceptrons*）的书，给整个概念泼了一盆冷水。他们的书在学术界很有影响力。两位作者都是 MIT 的教授和人工智能实验室的主任。南非人佩珀特是一个训练有素的数学家。在来到 MIT 之前，他积累了一份令人印象深刻的履历，其中包括在剑桥大学、巴黎大学、日内瓦大学和英国国家物理实验室做访问研究。来自纽约的明斯基最初是神经网络的信徒。他在普林斯顿大学的博士论文就是关于这个主题的。他甚至在 1952 年设计了一种受大脑突触启发而具有学习能力的电子设备——SNARC。此后，明斯基转投**符号逻辑**（symbolic logic，见第 5 章）学派阵营。在他看来，神经网络过时了，逻辑推理才是主流。

他们的书对感知器的特点做了数学分析，描述了感知器的优势，但强调了两个重要的局限性。首先，他们指出单层感知器不能执行某些基本的逻辑操作。其次，他们认为罗森布拉特的训练方法不适用于多层感知器。该书措辞严厉地指出：

> 感知器被广泛宣传为"模式识别"或"学习"机器，大量的书籍、期刊文章和大量的"报告"对其进行了讨论。这些发表物大部分都……没有科学价值。许多定理都表明感知器不能识别某些类型的模式。

感知器的支持者们愤怒了。他们声称，明斯基和佩珀特的两个核心批评是合理的，但具有误导性。诚然，单层感知器不能学习某些基本的逻辑函数，但多层感知器可以。诚然，罗森布拉特的训练方法不适用于多层感知器，但这并不意味着无法找到合适的训练过程。[3] 在一篇书评中，H. D. 布洛克（H. D. Block）反驳道：

> 明斯基和佩珀特所定义的感知器比罗森布拉特所说的简单感知器更通用一些。

> 另一方面，简单感知器……完全不是感知器的拥趸所认为的典型感知器。感知器的拥趸对具有多层结构、反馈机制和交叉耦合的感知器更感兴趣。总之，明斯基和佩珀特是在用感知器这个词来代表感知器这个大类中的一个有限子集。

一些观察家得出结论，明斯基和佩珀特是有意要扼杀感知器。不管他们的目的是什么，这本书加速了感知器研究的衰落。随着人们对人工智能越来越不抱幻想，该领域整体上资金匮乏，首次 AI 寒冬开始了。

不幸的是，罗森布拉特于 1971 年他 43 岁生日那天死于切萨皮克湾的一次航海事故。为了纪念罗森布拉特，明斯基和佩珀特将《感知器》的第 2 版题献给了他。

在随后的几年里，明斯基仍然是一位多产的著名 AI 研究者和作家。1969 年，他因对该领域的进步所做出的贡献获得了图灵奖。明斯基和佩珀特于 2016 年去世，均享年 88 岁。

如何训练大脑

1970 年以后，只有少数计算机科学家坚持研究 ANN。最大的难题是如何找到一种训练多层网络的方法。最后，这个问题被 4 个独立的研究小组解决了 4 次。当时，学术交流很不容易，没有人知道其他人在做什么。直到 1985 年，人们才知道可以通过算法来训练多层 ANN。

在哈佛大学，保罗·韦伯斯（Paul Werbos）解决了这个问题，这是他博士学位课题的一部分。他的算法是"**反向传播**"（back-propagation，或简写为 backprop）算法，它已经存在一段时间了，但之前不曾应用到 ANN 的训练中。面对当时 AI 领域的老前辈明斯基，韦伯斯提出了他的解决方案：

20世纪70年代初，我拜访了MIT的明斯基。我提议我们联合写一篇论文，证明［多层感知器］实际上可以克服之前的问题。但是明斯基并不感兴趣。

十多年后的1985年，大卫·帕克（David Parker）在MIT的一份技术报告中描述了反向传播算法。同年，法国学生杨立昆（Yann LeCun）在巴黎的一次会议上发表了一篇论文，描述了一种等效的方法。一年后，著名的《自然》杂志上出现了一篇描述反向传播算法的论文。研究报告的作者是加利福尼亚大学圣迭戈分校的大卫·鲁姆哈特（David Rumelhart）、罗纳德·威廉斯（Ronald Williams）和卡内基梅隆大学的杰弗里·辛顿（Geoffrey Hinton）[4]。这个小组不清楚该领域此前的论文发表情况，他们已经研究这个想法好几年了。这篇论文清楚地阐述了反向传播算法及其在ANN上的应用。在《自然》杂志上发表是很大的认可，反向传播算法最终成为ANN的训练算法。

反向传播算法需要对人工神经元的激活函数做微小的调整。阈值运算需要用**更平滑**（smoother）的函数代替。新函数确保了神经元输出随着兴奋值增加能从0逐渐上升到1。感知器中那种通过阈值控制的从0到1的突然转变不见了。从0到1的平滑转变让网络参数在反向传播期间得以逐步调整。

这个更平滑的激活函数还意味着网络输出的值的范围落在0到1之间。因此，最终决策不再是值为1的输出连接，而是具有最大值的输出连接。当输入介于两个类之间时，这种更改还有助于提高系统的鲁棒性。

ANN的正常运算称为**正向传播**［forward-propagation，或称推断（inference）］。ANN接受一个输入，逐个神经元、逐层地处理这些值，然后产生一个输出。在正向传播过程中，参数是固定的。

反向传播算法仅用于训练过程，并在机器学习框架内运行（见第9章）。首先，构建一个包含大量示例输入和相关输出的数据集。这个数据集被分成 3 个部分。使用一个大型训练集来确定最佳参数值。一个小一点的验证集用于评估性能和指导训练，一个测试集专门用来测量训练结束后网络的准确性。

训练从随机的网络参数开始。先将训练集中的一个输入提供给网络，网络使用当前参数值处理此输入（正向传播）以产生输出，网络输出将与该输入的期望输出进行比较。实际输出和期望输出之间的误差用实际输出和期望输出之差的平方的平均值来衡量。

假设网络有两个分类输出：圆形和三角形。如果输入图像包含一个圆形，那么圆形的输出应为 1，三角形的输出应为 0。在训练过程的早期，网络可能根本无法很好地运行，因为参数是随机的。所以圆形的输出值可能是 $\frac{2}{3}$，而三角形的输出则是 $\frac{1}{3}$。误差等于 $(1-\frac{2}{3})^2$ 与 $(0-\frac{1}{3})^2$ 的平均值，为 $\frac{1}{9}$。

然后根据这个误差来更新网络中的参数。该过程从输出层第一个神经元的第一个权重开始。首先确定这个特定权重与误差之间的数学关系，这个关系被用来计算出权重应该改变多少才能将误差降为零。将该结果乘以一个被称为**学习率**（learning rate）的常数来加以缩减，然后从当前权重中减去它。当网络再次获取到相同的输入时，权重调整有助于减小误差。乘以学习率可以确保调整过程是逐渐推进的，并且在大量示例中取到平均值。对网络中的所有参数重复这些步骤，并逐层反向推进。

对训练数据集中的每个输入-输出对执行误差计算、反向传播和参数更新。经过多次迭代，误差就会逐渐减小。实际上，网络学习了输入示例和目标输出类之间的关系。当观察到误差没有进一步减小时，训练结束（附录中提供了该算法的总结）。

ANN 的强大之处在于它能够学习和**概括**（generalize）。也就是说，即使是对于网络以前从未见过的输入的类，只要它与训练时所用的输入是相似的，网络也能正确地判断它的类。换句话说，一个经过许多圆形图像训练的网络，能够对它从未见过的圆形的草图进行正确分类。神经网络不只是把训练数据都记住了，它确实还学习了输入类和输出类之间的一般关系。

反向传播算法首次令研究人员能够有效地训练多层网络。结果是，网络变得更加准确，能够完成更复杂的分类任务了。至 20 世纪 80 年代末，至少在理论上，一个足够大的多层网络可以学习任何输入-输出映射。明斯基和佩珀特的反对意见被推翻了。

尽管如此，ANN 的好处对大多数观察家来说并不明显。即使有了反向传播算法，网络仍然很小。当时的计算机还不能承担训练大型网络所需的大量计算。在此后的 20 年中（1986 年至 2006 年），ANN 只是一个不起眼的东西。当然，对于试图理解大脑运作原理的认知科学家们来说，ANN 可能是一个有用的辅助，但它不是严肃的计算机科学家和电子工程师关心的东西。正确的分类算法依赖于严格的数学和统计学，而不是这种花招。

在广泛的怀疑态度中，少数成功的故事暗示了 ANN 的潜力。这一时期的亮点之一是杨立昆的一项工作（图 11.5）。正是杨立昆，作为一个博士生在 1985 年巴黎的一个鲜为人知的会议上展示了反向传播算法。

图 11.5　人工神经网络的革新者杨立昆，2016 年（照片来自脸书）

识别数字

1960 年，杨立昆出生于巴黎。1983 年，他获得了电气技术和电子工程师高等学校（École Supérieure d'Ingénieurs en Electrotechnique et Electronique，ESIEE）的工程师文凭。大学二年级时，他偶然读到一本哲学书，书中讨论了儿童语言发育过程中的先天与后天之争。西摩·佩珀特是撰稿人之一。从那里，他知道了感知器。他开始阅读所有他能找到的关于这个话题的材料。很快，杨立昆就沉迷其中。他在皮埃尔和玛丽·居里大学读博士期间专门研究神经网络并于 1987 年获得了博士学位。毕业后，杨立昆在加拿大多伦多大学杰弗里·辛顿的实验室做了一年的博士后。那时，辛顿已经是神经网络界的知名人物，他是发表在《自然》杂志上那篇反向传播算法论文的共同作者之一。一年后，杨立昆搬到了位于新泽西州的 AT&T 贝尔实验室，开始研究用于图像处理的神经网络。

杨立昆加入了一个团队，该团队一直致力于构建一个能识别手写数字的神经网络。传统算法在这方面一点都不好，因为书写风格太过多变了。随意写下的数字 7 很容易和 1 混淆，反之亦然。不完整的数字 0 可能被解读为 6，长尾的数字 2 通常与截断的 3 混淆。基于规则的算法无法解决这个问题。

通过扫描经纽约州布法罗市邮局寄送的邮件信封地址上的邮政编码，研究小组获得了大量的数字图像数据集。每封信上都有 5 个数字。最终，数据集包含了 9 298 张图像。这些例子被手动划分为 10 个类，对应于 10 个十进制数字（0 到 9）。

该团队开发了一个 ANN 来执行识别任务，但收效甚微。复杂的映射需要一个很大的网络。事实证明，即使有反向传播算法，训练网络也很困难。为了解决这个问题，杨立昆提出了一个他在辛顿实验室时反复琢磨的想法。

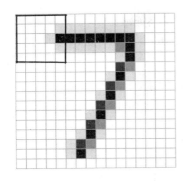

图 11.6　数字 7 的灰度图像（16×16 像素）。左上角框出的部分是接受像素输入的单元。该单元的 64 份拷贝在图像中平铺

　　他提出的 ANN 以单个数字的 16×16 像素灰度图像作为输入。网络输出由 10 个连接组成，每个连接对应从 0 到 9 的一个数字类。信号最强的输出代表被识别出来的数字。

　　杨立昆的想法是将网络分解成许多具有共享参数的小型网络，从而对网络进行简化。他的方法是创建一个只包含 25 个神经元和较少层数的单元。单元的输入是图像的一小部分——一个 5×5 像素的正方形（图 11.6）。将该单元复制 64 次以创建一个**组**（group）。组中的单元在图像中平铺，使图像完全被单元覆盖，并且每个单元的输入都与相邻单元的输入有 3 个像素的重叠。

　　整个网络包含 12 个组。由于组中的各单元共享相同的参数，因此所有单元执行相同的功能，但被应用于图像的不同部分。每个组接受训练，以检测不同的特征。一个组可能负责检测图片中的水平线，另一个组可能负责检测垂线，还有某个组可能负责检测对角线。每个组的输出都被提供给一个全连接的 3 层网络。这些最后的层融合了来自各个组的信息，使完整地识别出数字成为可能。

　　这个网络在结构上是分层级的。一个单元负责在图像中探测某个 5×5 模体，一个组负责在图像的任何位置发现某个模体，12 个组负责在图像中探测 12 个不同的模体。最后，全连接的层负责探测 12 个

模体之间的空间关系。这种分层结构的灵感来自人类的视皮层。在视皮层，存在重复的视觉信号处理单元，连续的层负责处理图像的更大部分。

杨立昆方案的美妙之处在于，单个组中的所有单位共享相同的权重。因此，训练过程被大大地简化了。训练网络的第一层只需要更新 12 个单元，每个单元只包含 25 个神经元。

在图像上复制和移动单个计算单元的数学过程称为**卷积**（convolution）。因此，这种类型的网络被称为**卷积神经网络**（convolutional neural network）。

贝尔实验室的卷积神经网络被证明极为有效，其准确率能达到惊人的 95%。这个网络的准确性与人类的接近。该团队的研究结果于 1989 年发表，AT&T 贝尔实验室随后将这个系统商业化。据估计，在 20 世纪 90 年代末，美国 10%~20% 的银行支票是由卷积神经网络自动读取的。

2003 年，杨立昆离开贝尔实验室，被纽约大学聘为计算机科学教授。与此同时，他在多伦多大学求学时的导师杰弗里·辛顿正在组建一支队伍。

深度学习

辛顿（图 11.7）1947 年出生于战后的英格兰温布尔登。他认为自己在学校时数学不是特别好。尽管如此，他还是被剑桥大学录取，在那里攻读物理与生理学专业。由于对专业不太满意，他转而学习哲学。最后，他选择了心理学。回首过往，辛顿说他想要了解人类思维是如何运作的。他的结论是，哲学家和心理学家都没有答案。此后他又转向了计算机科学。

图 11.7　深度神经网络先驱杰弗里·辛顿，2011 年（图片来自杰弗里·辛顿）

毕业后，他先做了一年的木匠，然后去爱丁堡大学攻读博士学位。在导师不情愿的默许下，辛顿坚持进行 ANN 的研究。在完成博士学位后，辛顿作为一个新手学者走上了一条四处流动的道路。在进入多伦多大学担任教授职位之前，他曾在萨塞克斯大学、加利福尼亚大学圣迭戈分校、卡内基梅隆大学和伦敦大学学院工作过。

2004 年，辛顿向加拿大高等研究院（Canadian Institute For Advanced Research，CIFAR）提交了一份为神经计算研究项目申请资助的提案。CIFAR 以资助基础研究闻名，但此次申请获批的希望仍旧不大。蒙特利尔大学的约书亚·本吉奥（Yoshua Bengio）教授后来评论道：

> 那是最糟糕的时间点。其他人都在忙着做不同的事情。杰夫不知道怎么说服了他们。

这笔数额不大的经费被用于组织一系列只有受邀才能参加的聚会，受邀人中有一些世界上顶尖的 ANN 研究者。本吉奥又讲道：

> 在广义的机器学习领域，我们有点像一群边缘人：我们的论文无法发表。聚会为我们提供了一个交换意见的地方。

这项拨款后来被证明是一次结构性变革的开端。

2006 年，辛顿和多伦多大学的西蒙·奥辛德洛（Simon Osindero）以及新加坡国立大学的郑宇怀发表了一篇革命性的论文。该论文标志着现在被称为**深度学习**（deep learning）[5]的开端。文章描述了由 3 个全连接的隐藏层组成的网络。这个网络有太多的参数，用反向传播算法的方式进行训练会非常缓慢。为了解决这个问题，辛顿和他的团队设计了一种新的方法来加速训练。

通常，反向传播算法以随机参数值开始训练。但在这项新研究中，团队在反向传播之前插入了一个预训练阶段。这个新增阶段的目的是快速找到一组好的参数，以支持反向传播算法的启动。

反向传播算法是**监督**（supervised）训练的一个例子。这意味着训练要为网络提供输入和输出相匹配的示例。在这个新的初步阶段中，辛顿和其他共同作者建议采用**无监督**（unsupervised）训练。无监督训练只使用输入示例。

在无监督的预训练中，示例输入被提供给网络。通过算法调整网络参数，使 ANN 学会探测输入中的重要模式。不需要让网络知道这些模式与什么类相关——它学习的只是区分这些模式。对于手写文字识别，这些模式可能是线条的长度和方向，或者曲线的位置和长度。为了实现这一点，训练算法每次只更新一层的参数，从输入层开始。换句话说，该算法从输入向前构建出网络参数。该方法的计算复杂度明显低于反向传播算法。

一旦预训练完成，网络就能够在输入数据集中区分出最显著的模式。之后，用预训练得到的参数开始进行正常的监督训练。由于反向传播算法有了很好的起点，因此它用更少的迭代就能完成训练。

跟随贝尔实验室的脚步，辛顿的团队选择了以攻克手写数字识别问题为目标。这一次，有一个更大的数据集可供使用。该项目使用了由杨立昆、谷歌实验室的科琳娜·科尔特斯（Corinna Cortes）和微软研究院的克里斯托弗·伯吉斯（Christopher Burges）构建的 MNIST 数据集。MNIST 收录了 7 万个手写数字，这些数字是从美国人口普查报告和高中考试答卷中获取的。

最终得到的 ANN 达到了 89.75% 的准确率，这个成绩不如杨立昆的卷积神经网络。然而，这不是重点。他们已经证明，通过预训练，可以训练出一个深度的、全连接的网络。获得更深入和更有效的网络，这是行得通的。

在接下来的 10 年中，深度学习发展势头良好。3 种进步的融合使研究人员能够建立更大、更深层次的网络。更智能的算法减少了计算复杂度，更快的计算机缩短了运行时间，更大的数据集允许对更多的参数进行优化。

2010 年，瑞士的一组研究人员进行了一项实验，希望看看增加神经网络的深度是否真的能提高其准确性。在资深神经网络专家于尔根·施米德胡贝（Jürgen Schmidhuber）的领导下，该团队训练了一个 6 层神经网络来识别手写数字。他们训练的神经网络含有多达 5 710 个神经元。和辛顿的团队一样，他们使用的是 MNIST 手写数字数据集。然而，即使是 MNIST，也不足以满足施米德胡贝团队的目标。他们通过扭曲 MNIST 中的照片，人为地生成了额外的数字图像。

得到的 ANN 达到了 99.65% 的准确率。这不仅是一项世界纪录，其表现也已经达到了人类的水平。

突然，所有人都意识到，ANN 太小了，无法实现任何实际用途。深度网络才是前进的方向。一场人工智能革命近在眼前。

海啸

深度学习的海啸分 3 波袭来：首先是语音识别，然后是图像识别，再之后是自然语言处理。半个世纪的模式识别研究在短短 3 年内被淘汰出局。

60 年来，科技界一直在努力将口语表达准确地转化为文本。最好的算法依赖傅里叶变换（见第 2 章）来提取谐波的振幅。然后利用隐马尔可夫模型（Hidden Markov Model，HMM），根据观察到的谐波情况和声音序列在真实语音中已知的出现概率来判断发出的音素。

在辛顿实验室的实习生纳夫迪普·贾特利（Navdeep Jaitly）的帮助下，谷歌去除了他们语音生成识别系统的一半，用深度神经网络取而代之。他们得出的 ANN-HMM 混合体语音识别系统包含一个 4 层的 ANN。该团队使用来自谷歌语音搜索的 5 870 小时的语音录音来训练 ANN，并添加了来自视频网站 YouTube 的 1 400 小时的对话音频。新的 ANN-HMM 混合体比谷歌先前使用的基于 HMM 的语音识别系统性能高出 4.7%。在自动语音识别的领域，这算是一个巨大的进步。完成了在谷歌的任务后，杰出的实习生贾特利返回多伦多大学去完成他的博士学位。

在接下来的 5 年里，谷歌逐步扩展和改进了他们基于 ANN 的语音识别系统。截至 2017 年，谷歌的语音识别系统达到了 95% 的准确率，这是前所未有的水平。

2012 年，辛顿的团队报告了一种深度神经网络，旨在从静态图像中识别出真实世界的物体。这些物体是常见的东西，如猫、狗、人、面孔、汽车和植物。这个问题远不像识别数字那么简单。数字是由线条组成的，但识别物体需要分析其形状、颜色、纹理和边缘。除此之外，要识别的物体类的数量也大大超过了微不足道的 10 个印度–阿拉伯数字。

这个网络被以首席设计师亚历克斯·克里泽夫斯基（Alex

Krizhevsky）的名字命名为"亚历克斯网"（AlexNet），包含65万个神经元和6 000万个参数。它整合了5个卷积层和其后的3个全连接层。此外，这项工作还引入了一种简单但却有效得惊人的技术。在训练过程中，随机选择少量神经元并使其沉默。换句话说，它们被禁止放电。这项技术被命名为**丢弃**（Drop-out），它迫使神经网络将决策负载分散到更多的神经元上。这使网络面对输入的变化更加稳健。

该团队在2012年用这个网络参加了图像网大规模视觉识别挑战赛（ImageNet Large Scale Visual Recognition Challenge）。比赛的数据集包括大约120万张训练图像和1 000个物体类。克里泽夫斯基、伊利娅·苏特斯科娃（Ilya Sutskever）和辛顿的深度卷积网络大获全胜。亚历克斯网前5项识别结果的总准确率达到了84.7%。也就是说，真正的物体类落在这个ANN的前5大选择中的情况占比超过84%。该网络的错误率几乎是排名第二的系统的一半。

与此同时，在多伦多以东仅500千米的圣劳伦斯河河畔，蒙特利尔大学的一个团队正在研究如何将深度神经网络应用于文本处理。该团队由约书亚·本吉奥（图11.8）领导。

本吉奥生于1964年，来自法国巴黎，是神经网络复兴的领军人物之一。他在位于蒙特利尔的麦吉尔大学学习电子工程和计算机科学，获得工学学士、理学硕士和博士学位。本吉奥在青少年时期是科幻小说迷，在读研究生时期对神经网络研究充满热情。他如饥似渴地阅读有关这个主题的所有早期论文。作为一个自称书呆子的人，他开始建立自己的ANN。在AT&T贝尔实验室和MIT做过博士后之后，本吉奥于1993年加入了蒙特利尔大学。本吉奥的团队训练ANN来预测文本中单词序列出现的概率。

2014年，谷歌选择了本吉奥的工作，将其用于解决把文档从一种语言翻译成另一种语言的难题。那时，谷歌翻译网络服务已经运行了8年。该系统依靠传统的方法将句子分割并将短语从一种语言映射到另一

图 11.8　神经网络研究者约书亚·本吉奥，2017 年 ［© 巴黎综合理工学院 -J. 巴朗德（J. Barande）］

种语言。总的来说，这个系统的翻译不是特别好。翻译出来的句子大多可读，但并不流畅。

谷歌采取了不同寻常的一步，将两个神经网络背靠背连接起来。在该方案中，**编码器**（第一个网络）的输出被作为**解码器**（第二个网络）的输出提供给解码器。谷歌的想法是，编码器可以将英文文本转换为抽象的数字向量。解码器可以把这个过程逆转过来，把抽象的数字向量转换成法语。研究人员没有规定中间的数字向量是什么。他们只是依靠训练程序来寻找合适的表征数字。

经过两年的努力，谷歌完成了一个 8 层编码器和一个配套的 8 层解码器的开发。该网络是用一个包含 3 600 万对人工翻译句子的语料库进行训练的。新系统优于之前的谷歌翻译系统，翻译错误减少了 60%，令人惊叹。该系统在谷歌网站上线后，双语用户报告说，翻译质量有了立竿见影式的显著提高。

一次又一次的成功催生了深度学习的热潮。很多公司预见到了由深度学习驱动的大量新应用——自动驾驶汽车、智能相机、下一代推荐系统、增强的网页搜索、精确的蛋白质结构预测、加速药物设计和很多其他方面的应用。谷歌、脸书、IBM、苹果、亚马逊、雅虎、推特、奥多比（Adobe）和百度都在抢夺深度学习方面的人才。据很多传言称，神经网络界名人的起薪高达七位数。杨立昆被任命为脸书 AI 研究总监。吴恩达（Andrew Ng）加入百度担任首席科学家。在 65 岁那年，杰弗里·辛顿成为谷歌的暑期实习生！

2015 年，在这场淘金热中，杨立昆、辛顿和本吉奥在《自然》杂志上发表了一篇调研行业发展的论文。在文章发表之前，深度神经网络已经席卷了整个人工智能领域，方方面面都发生了翻天覆地的改变。

杨立昆、辛顿和本吉奥于 2018 年获得了图灵奖，他们分享了谷歌赞助的 100 万美元奖金。[6]

随着深度学习的巨大成功，一些人推测人类智能水平的人工通用智能（见第 5 章）已经不远了。但杨立昆提出了异议：

> 我们是否能够使用新方法创造出人类水平的智能，嗯，解决这个问题可能有 50 座山要爬，包括我们还看不到的那些山。我们目前只爬了第一座，也许是第二座。

到目前为止，我们所拥有的只是复杂的模式识别引擎。然而，我们可以推测穿过这些大山的路径。目前，最好的猜测是我们需要一个 ANN 的网络。想要有显著的改进，可能还需要对 ANN 进行根本性的重新开发。现今的 ANN 只是对生物神经网络的一种大致的近似。也许我们需要一个更现实的模型。魔鬼很可能藏在细节中。

对于计算机科学界以外的人来说，深度神经网络的力量第一次显现是在 2016 年。那一年，一个人工智能登上了世界新闻媒体的头条。尽管这是在一个狭窄领域的努力，但这也许是人工智能第一次获得了超越人类的能力。

第 12 章

超人智能

先行不易，后悔实难。

作者不详

《敦煌棋经》，6 世纪

　　2016 年 3 月 19 日。一名年轻男子稳步走过首尔四季酒店的走廊。一路上，他经过一排排记者和摄影师，他们迫切地想要引起他的注意。他穿着时髦的海军色的西装和开领衬衫，看上去比他的实际年龄 33 岁年轻许多。这名男子清瘦，亚洲人长相。他的头发从头顶梳向整齐的刘海。他的上唇上方有淡淡的胡茬。尽管处于众目睽睽之下，他却显得轻松而自信。

　　这名男子走出嘈杂的走廊，进入了一间安静的会议室。一小群观众和几台电视摄像机面对着一个低矮的霓虹灯蓝色舞台。他在一个低矮的对弈台右边的黑色皮椅上落座。对弈台上的文字表明他的身份是"李世石"。一面韩国国旗显示了他的国籍。

　　坐在李世石对面的是黄士杰。黄士杰所在对弈台一侧的文字写的是："阿尔法狗"（AlphaGo）。黄士杰来自中国台湾，身边放着计算机显示器、键盘和鼠标。一组裁判坐在两人身后，俯视着他们。李世石和黄士杰之间隔着一张桌子。这张桌子上有一个围棋棋盘、一个计时器和四个棋罐。其中两个棋罐是空的。一人执白，一人执黑。

李世石被公认为世界五大围棋手之一。他获得过 18 项国际荣誉。作为一名神童，他曾在著名的韩国棋院学习。李世石在 12 岁时就成为职业棋手。在围棋爱好者当中，他以大胆而富有想象力的棋法著称。李世石被称为"硬石头"，是韩国闻名全国的人物。

AlphaGo 是一个计算机程序，它的算法能做复杂的博弈运算。黄士杰的工作是将李世石的走法传递给 AlphaGo，并为计算机在棋盘上落子。AlphaGo 是由伦敦一家名为"深思科技"（DeepMind Technologies）的小公司发明的。黄士杰是 AlphaGo 项目的首席程序员。两年前，DeepMind 被谷歌以 5 亿至 6.25 亿美元的价格收购。

谷歌是 AlphaGo–李世石对战的赞助商。奖金定为 100 万美元。如果是计算机赢了，奖金就会捐给慈善机构。

在比赛的前几天，李世石很有信心。在一次新闻发布会上，他声称问题不在于他能否赢得整场比赛，而是他是否会输掉哪怕一局。李世石似乎有理由信心满满。计算机从未在竞技比赛中击败过排名前 300 的职业围棋选手。在首尔决战之前，围棋大师们预测李世石将轻松拿到 100 万美元。

与国际象棋一样，围棋也是一款抽象的战争模拟游戏。这个游戏起源于大约 3 000 年前的中国，并在公元 5 世纪至 7 世纪传播到朝鲜半岛和日本。围棋至今在东亚仍然非常受欢迎。

比赛版的围棋在纵横各 19 条线的棋盘网格上进行。开始时，网格上是空的。对弈双方轮流在网格线交叉点处下一颗棋子。一个交叉点被称为**点**（territory）。棋手可以放弃一次落子，如果他们想这么做的话。一方棋手下黑棋，另一方下白棋。游戏的目的是包围和提掉对手的棋子。当一方的棋子被对手的棋子包围成死棋时，这些棋子最后会从棋盘上被移去。当对弈双方接连放弃落子而不再行棋时，游戏结束。棋手可以在中途投子认输。在棋盘上控制的点数和对手死子数换算成的点数相加后超过一定标准的棋手获胜。后手的白方会得到黑方贴子作为补偿。在竞技比赛中，每一手棋都有计时器计时。

看围棋比赛的快进视频会让人昏昏欲睡。黑白棋子组成的复杂图形演变、融合，渐渐地占领棋盘。棋盘上的棋子被包围后消失，这突然间的大变动改变了棋盘上的局面。围棋爱好者在对弈中看到了一种潜在的美。对他们来说，对弈是棋手想象力、勇气和毅力的体现。棋手们从小就被灌输了围棋的价值观——优雅和谦逊。

虽然围棋规则学起来很简单，但下棋过程却非常复杂。围棋棋盘的大小是国际象棋棋盘（8×8）的5倍多。玩一局围棋平均要行150手。每行一手棋，围棋棋手都必须思考大约250种可能性。理论上围棋的预测树（见第5章）所包含的节点数是一个天文数字：250^{150}，或者说10^{359}。据估计，围棋比国际象棋复杂10^{226}倍（1后面跟着226个0）。

对战

AlphaGo-李世石对战采用五局三胜制。据估计，仅在中国就有6 000万观众通过电视观看了这场对战。成千上万的狂热爱好者在YouTube上观看英语直播。

DeepMind团队在酒店内部的作战室观看对战。这个房间配备了一整面墙的显示器。一些显示器显示来自比赛室的摄像头影像。还有一些展示了一系列数字和图表，总结了AlphaGo对棋局的分析。DeepMind首席执行官德米斯·哈萨比斯（Demis Hassabis）和首席项目研究员唐·西尔弗（Don Silver）在这个有利位置观看了对战过程。和团队的其他成员一样，哈萨比斯和西尔弗内心也很焦灼，但却无能为力。

第一天，第1局比赛。李世石先下棋。奇怪的是，AlphaGo用了半分钟才做出反应。AlphaGo团队屏住了呼吸。这台机器能行吗？最后，它做出了决定，黄士杰落下了AlphaGo的第一手棋。

AlphaGo从一开始就直接发起攻击。李世石似乎有点惊讶。AlphaGo下起棋来一点也不像计算机。到了AlphaGo的第102手棋。它的这一手咄咄逼人，引发了复杂的混战。李世石身体退缩了一下，揉了揉脖子后面。他看起来有些担心。他定了定神，重新投入战斗。84步之后，李世石认输了。DeepMind团队的房间里一片欢腾。

随后，李世石和平静下来的哈萨比斯在赛后新闻发布会上面对各家媒体。两人分开坐在一个空旷台子上的凳子上。李世石看起来孤单、失落，仿佛被遗弃了。他深感失望，但不失风度地接受了失败。第二天早上，AlphaGo的胜利成了头版新闻。

第二天，第2局比赛。这一次，李世石有了心理准备。他行棋更加谨慎。在第37手棋时，AlphaGo走了一手意想不到的棋，人类很少会这样行棋。李世石震惊地走出了对弈室。黄士杰和裁判们留在原地，不知所措。几分钟后，李世石整理好思绪，回到了对局中。在第211手棋之后，李世石再次认输。

AlphaGo的第37手是决定性的。计算机估计，人类棋手下这手棋的概率是万分之一。欧洲围棋冠军樊麾对此表示惊叹。对他来说，第37手棋"太美了，实在太美了"。AlphaGo展现出了超越人类专业水平的洞察力。这台机器具有创造力。

在新闻发布会上，李世石对这场比赛进行了反思：

> 昨天，我很惊讶。但今天我无言以对。如果你看看比赛的过程，我承认，我输得很彻底。从比赛一开始，我就没有一刻觉得自己是领先的。

第三天，第 3 局比赛。李世石的面部表情说明了一切——最初平静，后来转为担忧，接着是痛苦，最后是沮丧。他下了 4 个小时后认输了。除了谷歌和 DeepMind，没有人预料到 AlphaGo 最终赢得了这场对战。

李世石看起来很疲惫。无论如何，他在输掉比赛后仍然显得很有风度：

> 我很抱歉没能满足很多人的期望。我觉得有点无力。

一种奇怪的忧郁氛围笼罩着整个过程。每个人都受到了影响，包括 DeepMind 团队。在场的人目睹了一位了不起的人受到的折磨。李世石的一个对手评论他的这场对战说：

> 这是一场面对隐形对手的孤军奋战。

尽管对战已经决出胜负，李世石和 AlphaGo 仍继续进行了第 4 局和第 5 局比赛。在第 4 局比赛中，李世石恢复了常态。"硬石头"采取了高风险策略。他的第 78 手——围棋术语所谓的"挖"——后来被评论员称为"神之一手"。AlphaGo 的反应对它自己来说是灾难性的。它的行棋很快就变得缺乏章法。发现自己无路可走后，AlphaGo 开始胡乱行棋。最终，AlphaGo 认输了。

李世石在第 5 局中尝试了同样的高风险策略。这一次，没有奇迹发生。李世石被迫认输。

AlphaGo 以 4 比 1 的比分赢得比赛。

制胜手

AlphaGo 的胜利在围棋界和计算机科学界都引发了轰动。根据对计算机性能的预测，这原本至少在 15 年内是不应该发生的。当时的理论认为，攻克围棋需要的硬件水平远高于 2016 年的硬件水平。事实上，AlphaGo 成功的秘诀在于它的算法，而不是硬件。

以 2016 年的标准来看，AlphaGo 的硬件很普通。在开发过程中，DeepMind 团队只使用了 48 个中央处理器和 8 个图形处理器，这是业余爱好者可以在他们的车库里轻松组装起来的水准。在比赛中，AlphaGo 在谷歌某个联网数据中心的计算机上运行，占用 1 920 个中央处理器和 280 个图形处理器。当时最强大的超级计算机——中国的"天河二号"——拥有 310 万个中央处理器。相比之下，AlphaGo 逊色多了。

就像亚瑟·塞缪尔的国际跳棋程序那样，AlphaGo 算法使用蒙特卡洛树搜索（见第 5 章）。轮到计算机行棋时，它会去探索最有希望的下一手。对于每一手棋，它都要考察对手最有可能做出的反应。然后，它会评估自己可能的应对策略。通过这种方式，计算机以当前的棋局为根，生成一个可能的未来行棋树。

一旦这样的树构建完成，计算机将使用极小化极大步骤来选择最好的行棋方式（见第 5 章）。计算机从最远的前瞻预测棋局（树的叶子）开始回溯。然后它沿着树反向移动到根部。在每一个分支点，它在树中反向传播最好的一手棋。轮到自己行棋时，最好的选择是最大限度地提高计算机获胜机会的一步棋。轮到对手行棋时，计算机会选择使自己获胜概率最小的行棋方式。当程序抵达树的根部时，计算机就会选择它认为从长远来看最有可能赢得比赛的策略。

AlphaGo 使用 ANN 来评估棋局。棋局由一个数字表格表示。每个数字表示网格相交处是有黑棋、白棋还是没有棋。评估一个棋局时，数字表格被输入 ANN 中。神经网络会输出一个分数，表明该棋局的强度。

AlphaGo 的神经网络是杨立昆发明的用于识别数字的卷积神经网络的一个更大版本（见第 11 章）。实际上，数字表格就是像处理图像那样处理的。AlphaGo 的神经网络能识别棋盘上的图案，就像杨立昆的神经网络能识别数字形式的直线和曲线那样。

AlphaGo 使用了 3 种神经网络。

首先是**价值网络**（value network）。价值网络估计从给定棋局行棋的获胜概率。价值网络对树搜索结束时的位置进行评分。

其次是**策略网络**（policy network）。策略网络为树搜索提供指导。它根据一个棋局前景如何来对其进行评分。如果一个棋局看起来可能会在未来取得胜利，那么它就会获得很高的策略分数。只有策略得分高的棋局才会被更深入地探索。通过这种方式，策略网络就控制了搜索的广度。

如果价值网络是完全准确的，那么树搜索就不需要了。计算机可以单纯地评估所有接下来的棋局并选择最好的那个。前瞻预测通过向前滚动更新棋局来提高准确性。随着对局接近尾声，预测结果变得更加容易，价值网络也变得更加准确。

理想情况下，价值网络也可以用于策略决策。但同样地，价值网络也不够准确。一个独立的策略网络在评估早期棋局时提供了更高的准确性。价值网络的训练目标是精确性，而策略网络的训练目标是在树搜索中不错过有希望的路径。

最后是一个**监督学习价值网络**（SL-value network）。这个网络被训练成像人类那样对棋局评分。其他神经网络的目标是确定真正的获胜概率。监督学习价值网络让计算机能够预测人类棋手最有可能的行棋方式。

AlphaGo 的神经网络经过了 3 个阶段的训练。

在第 1 阶段，使用监督学习来训练监督学习价值网络（见第 11 章）。该网络包含 13 层神经元。训练采用的是从 KGS 围棋数据库中获得的棋局和行棋数据。KGS 允许来自世界各地的玩家免费在线玩围棋。比赛被记录下来，并可在 KGS 网站上获取。AlphaGo 使用这个数据库来提供棋局和人类行棋的案例。来自 16 万场比赛的 3 000 万个棋局被用于训练网络。

在第 2 阶段，对监督学习价值网络进行打磨以创建出策略网络。这一次，他们使用了**强化学习**（reinforcement learning）。神经网络自己和自己下围棋。强化算法以每场比赛的结果（输或赢）为参考来更新网络参数。AlphaGo 与自己的老版本进行了 120 万次对弈。随着对弈次数的增加，AlphaGo 的表现逐渐提高。在反复试验中，创建出的策略网络在 80% 的对弈中击败了原始的监督学习价值网络。

在第 3 阶段，团队使用策略网络来作为价值网络的种子。他们再次使用了强化学习，但并不是从头开始下棋，而是使用 KGS 数据库中的中间棋局作为训练起点。为了完成价值网络的训练，又进行了 3 000 万次对弈。

这 3 个神经网络是 AlphaGo 与以前的围棋计算机之间的主要区别。在以前，棋局评估使用的是手动制定的规则和评分方法（即专家系统和基于案例的推理）。AlphaGo 的 ANN 能提供更准确的棋局评估。

AlphaGo 的 ANN 的准确性来自 3 个因素的综合作用。首先，深度 ANN 非常擅长学习输入和输出之间的复杂关系。其次，在训练过程中，网络接受了大量数据的洗礼。在备战的过程中，AlphaGo 研究了大量围棋着数，数目远超过任何人类考察的着数。最后，算法和硬件的进步使这些大型网络能够在合理的时间范围内完成训练。

这些因素能够解释为什么 AlphaGo 比以前的程序表现更好，但不能解释为什么它可以打败李世石。对围棋和国际象棋大师的思维过程进行分析可见，他们评估的棋局比 AlphaGo 少得多。人类的树搜索比计算机的窄得多，也浅得多。因此，人类的模式识别必然比 AlphaGo 高效许多。AlphaGo 则以更快的处理速度弥补了这一不足。在比赛中，机器要比人类评估更多的棋局。AlphaGo 对神经元行为的高速电子模拟，使它能够在树搜索中评估更多棋局。AlphaGo 就是这样打败李世石的。

这意味着 ANN 的模式识别能力仍然有很大的提升空间。

DeepMind

在外人看来，DeepMind 是一夜成名，但事实显然并非如此。该公司的联合创始人兼首席执行官德米斯·哈萨比斯从小就在琢磨棋盘游戏和计算机。

1976 年，哈萨比斯（图 12.1）出生于英国伦敦。他对"在伦敦北部出生和长大"很自豪。哈萨比斯在 13 岁时就获得了国际象棋大师的头衔。他用赢得的奖金购买了自己的第一台计算机——一台辛克莱频

图 12.1 DeepMind 联合创始人兼首席执行官德米斯·哈萨比斯，2018 年（照片来自 DeepMind）

谱48K（Sinclair Spectrum 48K）计算机，并自学了编程。不久后，他就写出了他的第一个国际象棋程序。

哈萨比斯在16岁高中毕业后加入了一家视频游戏开发公司——狮头工作室（Lionhead Studios）。一年后，他成为热门管理模拟游戏《主题公园》（Theme Park）的联合设计师和首席程序员。哈萨比斯后来离开了这家公司，去剑桥大学攻读计算机科学学位。在课余时间里，他参加了一年一度的脑力奥林匹克竞赛（Mind Sports Olympiad），角逐"全能脑力王"（Pentamind）称号。全能脑力王要求精英玩家在5种桌面游戏中相互对抗：西洋双陆棋（Backgammon）、国际象棋、拼字游戏（Scrabble）、围棋和扑克。哈萨比斯曾5次在比赛中获胜。

回顾自己的成就，哈萨比斯说道：

> 我很容易感到无聊，而这个世界那么有趣，有很多很酷的事情可以做。如果我是个体育运动员，我会希望是十项全能运动员。

从剑桥大学毕业后，哈萨比斯成立了自己的独立视频游戏开发公司。灵药工作室（Elixir Studios）发行过两款游戏，但随后遇到了困难。该公司于2005年解散。从哈萨比斯关于关闭网站的正式声明中，可以看出他对事态发展的失望：

> 如今的游戏产业似乎已经容不下那些想要致力于创新和原创理念的小型独立开发者了。

哈萨比斯下定决心，要为他的职业生涯找到一个新的方向。他给自己定下了一个建造人工智能的目标。他认为最佳的起点是理解生物智能是如何工作的，于是他开始在伦敦大学学院攻读认知神经科学博士学位。这门学科探索的是人类大脑如何工作，通常会使用计算机模型来更好地理解大脑功能。哈萨比斯在毕业前就这一主题发表了一系列重要的研究论文。

带着这些新见解，哈萨比斯在 2010 年与沙恩·莱格（Shane Legg）和穆斯塔法·苏莱曼（Mustafa Suleyman）共同创立了 DeepMind。哈萨比斯和苏莱曼从小就认识，他和莱格则是在伦敦大学学院读博士时认识的。

DeepMind 首次引起科学界更广泛的关注是由于它在《自然》杂志上发表的一篇论文。这篇论文描述了一个人工神经网络，DeepMind 训练它来玩雅达利（Atari）电子游戏。雅达利电子游戏是 20 世纪 80 年代的经典投币街机游戏，包括《太空侵略者》（Space Invaders）、《打砖块》（Breakout）和《运河大战》（River Raid）。DeepMind 的神经网络将屏幕图像作为输入，它的输出是游戏的控制信号——对操纵杆的摇动和对按钮的按压。这样，ANN 就取代了人，成为游戏玩家。

DeepMind 的 ANN 从零开始自学了如何玩《太空侵略者》。它唯一的预设目标就是尽可能多地得分。起初，网络是在随机玩。通过反复试错和一个学习算法，它逐渐积累了一套得分战术。在训练结束时，DeepMind 的神经网络在玩《太空侵略者》时的表现比之前的任何算法都要好。这本身就是一项成就。值得注意的是，这个网络继续学习了如何玩 49 种不同的雅达利电子游戏。游戏种类繁多，需要不同的技巧。网络不仅学会了如何玩游戏，还可以玩得像专业的人类游戏测试员那样好。这真是新鲜。DeepMind 的 ANN 在一系列任务中表现出色。这是 ANN 第一次显示出通用学习能力。

一年后，就在与李世石对战围棋的两个月前，DeepMind 在《自然》杂志上发表了另一篇论文。在这篇文章中，他们描述了 AlphaGo，并不经意地提到该程序已经击败了欧洲围棋冠军樊麾。这篇论文应该令李世石等人产生警惕之心。然而，欧洲被认为是围棋界的落后地区。大家都认为是樊麾失误了。对于樊麾来说，他对 AlphaGo 印象深刻，所以他接受了 DeepMind 团队的邀请，在他们准备与李世石的比赛期间担任顾问。

AlphaGo 大胜李世石的消息登上了全世界的新闻头条。相比之下，AlphaGo 后来击败世界第一的比赛就显得波澜不惊了。2017 年 5 月，AlphaGo 以 3 比 0 的比分击败了 19 岁的柯洁。这一次，人机对战没有得到多少媒体的关注。世界似乎已经接受了人类的失败，事情已经翻篇了。哈萨比斯在获胜后表示，根据 AlphaGo 的分析，柯洁的表现近乎完美。可是近乎完美已经不够用了。对战结束后，DeepMind 让 AlphaGo 从围棋界退役了。

然而，该公司并没有停止开发会下围棋的计算机。他们后来在《自然》杂志上又发表了一篇论文，描述了一个名为"阿尔法狗零"（AlphaGo Zero）的新型神经网络程序。AlphaGo Zero 采用了简化的树搜索和仅仅一个神经网络。这个单一的双头网络取代了其前身的策略网络和价值网络。AlphaGo Zero 使用了一种全新的、更有效的、完全基于强化学习的训练方式。它已经不再需要人类行棋数据库。AlphaGo Zero 在短短 40 天内从零开始自学了如何下围棋。在此期间，它下了 2 900 万局围棋。机器在两手棋之间只能有 5 秒的处理时间。AlphaGo Zero 与击败柯洁的 AlphaGo 版本进行了测试对战。AlphaGo Zero 以 100 比 0 获胜。

在短短的 40 天里，这台计算机不仅自学了下围棋，并且比任何人类都下得更好。AlphaGo Zero 绝对称得上拥有超人智能。

人类围棋大师们仔细研究了 AlphaGo Zero 的行棋方式。他们发现 AlphaGo Zero 采用了以前不为人知的制胜策略。柯洁开始在自己的战略库中加入新的战术。围棋历史上的一个新时代开启了，人类的大师们现在成了机器的学徒。生物神经网络正在向这个受它们的启发而诞生的东西学习。

然而，AlphaGo Zero 的真正意义并不在围棋棋盘。真正的重要意义在于，AlphaGo Zero 是一个通用问题解决器的原型。其软件中嵌入的算法可以被用于解决其他问题。这种能力将使 ANN 能够快速承担新任务并解决它们以前从未见过的问题——迄今为止只有人类和高级哺乳动物才能做到这一点。

这种通用问题解决能力的第一个信号出现在 2018 年《自然》杂志的一篇论文中。这一次，DeepMind 团队训练了一个名为"AlphaZero"的 ANN 来下围棋、国际象棋和将棋（Shogi）。AlphaZero 完全是通过自我对战学会玩这 3 种游戏的，这并不令人感到特别惊讶。AlphaZero 在这 3 种棋类的比赛中分别击败了此前的世界冠军程序（Stockfish、Elmo 和 AlphaGo Zero），这也不是特别令人惊讶的事情。令人瞠目结舌的是，从随机对弈开始，AlphaZero 只用了 9 个小时就学会了国际象棋，12 个小时就学会了将棋，13 天就学会了围棋。人类的头脑开始相形见绌了。

第 13 章

未来展望

对于各种加密货币，总体而言，我几乎可以肯定地说它们将会有一个糟糕的结局。

沃伦·巴菲特（Warren Buffet）

于美国消费者新闻与商业频道（CNBC），2018 年

  计算机算法已经从根本上改变了我们的生活方式。信息技术也已经深深地嵌入了职场当中。电子邮件、社交媒体和各类信息应用程序承载起了通信的任务。我们的休闲时间被电子游戏、流媒体音乐和线上电影占据。推荐系统操纵着我们的购买决定。我们的恋爱关系由算法促成。生活的很多方面都发生了改变。然而，在科技巨头时髦的开放式办公室里，在困顿的初创企业临时的工作场所中，在大学教授破旧的实验室内，还有更多的革命性技术正在开发中。在本书的最后一章中，我们将探讨两种有可能改变世界的新算法。

加密货币

第一种算法是支撑**加密货币**（cryptocurrency）的算法。加密货币是一种货币形态，仅以信息的形式存在于计算机网络中。世界上第一种加密货币——比特币——现在有超过 1 700 万个"币"在流通，它们在现实世界中的总价值为 2 000 亿美元（截至 2019 年）。加密货币似乎注定会扰乱全球金融体系。

加密货币起源于 20 世纪 90 年代开始的密码朋克（Cypherpunk）运动。密码朋克是由熟练的密码学家、数学家、程序员和黑客组成的松散组织，他们信仰电子隐私的必要性。密码朋克们通过邮件列表和在线讨论组相互联系，他们开发开源软件，用户可以免费利用这些软件来保护他们的数据和通信。埃里克·修斯（Eric Hughes）在 1993 年发表的《密码朋克宣言》（*A Cypherpunk's Manifesto*）中提出了他们的理想：

> 在电子时代，隐私是开放社会的必要条件。
>
> 我们不能指望政府、公司或其他大型但不知名的组织出于善意保护我们的隐私。
>
> 在一个开放的社会中，保护隐私需要用到密码学。
>
> 密码朋克们编写代码。我们明白必须有人编写软件来保护隐私，因为除非我们都这样做，否则我们无法获得隐私保护，因此我们要编写代码。我们发布写出的代码，以便我们的密码朋克伙伴们可以练习和使用它。我们的代码对全世界所有人免费开放。

密码朋克们将他们的技能贡献给了一系列开发安全软件的项目。PGP 为邮件用户提供 RSA 加密功能。Tor 让人们能够匿名浏览网页。该组织撰写了有关加密问题的白皮书。他们就加密技术出口管制问题对美国政府提起诉讼。他们有时甚至呼吁公众不服从政府，以支持他们的目标。密码朋克们还推广了加密货币的概念。

在他们看来，与传统货币相比，加密货币有 3 个关键优势。首先，加密货币不受中央机构的管控。比特币没有中央银行。这种货币是由计算机网络管理的。任何人都可以加入这个网络，不需要填申请表。希望加入的人只需从互联网上下载加密货币软件并运行即可。网络上没有哪台计算机比其他任何一台计算机更重要。所有计算机地位相等。其次，用户是匿名的，前提是他们不将**加密币**（cryptocoin）兑换成传统货币。通过公钥加密对隐私进行保护。任何人都可以成为用户。他们只需下载一个应用程序，将他们的交易提交到网络。最后，交易费用低，营业税为零。此外，加密币可以跨国传送而不产生货币兑换费用。

虽然密码朋克们是加密货币的早期提倡者，但没有人知道如何让它真正发挥作用。似乎没有任何方法可以绕过双重支付问题（Double-Spend Problem）。

传统的在线货币依赖一个中央机构来批准交易（用户之间的资金转移）。中央机构保存着所有交易的分类账。这种分类账相当于 100 年前银行保存的纸质手写记录。通过检索分类账，中央机构能知晓每个用户账户上有多少钱。当用户请求交易时，中央机构可以很容易地查到用户是否有足够的钱来支付交易。如果用户有足够的钱，交易就被认为是有效的，并记录在分类账上。如果用户的钱不够，交易将被拒绝。

设计加密货币的困难在于不设置一个中央机构。理想的情况是有一个分布式的计算机网络来维护分类账。网络上的每台计算机都有自己的分类账副本，困难之处在于对这些分类账副本进行同步（即保持它们都是最新的）。在互联网上，通信延迟是非常不可预测的。计算机可以在任何时候加入或退出网络。这些因素就可能导致双重支付问题。

假设爱丽丝的账户中只有 1.5 个加密币。她欠鲍勃和查理两个人钱。无奈之下，她向网络发送了两笔交易。在一个交易里，她将 1.5 个加密币转移给鲍勃。在另一个交易里，她转移了 1.5 个加密币给查理。

如果她将两笔交易发送到网络的不同部分，那么就有可能在一台计算机接受向鲍勃的转账时，另一台计算机同时接受了向查理的转账。如果爱丽丝走运，她会同时完成两笔支付，使她的资金双重支付（double-spending）。

比特币

2008 年 10 月 31 日，中本聪在一份白皮书中提出了双重支付问题的解决方案，该文件通过一个密码朋克邮件列表发布。白皮书介绍了世界上第一个实用加密货币——比特币。[1] 次年 1 月，中本聪发布了比特币的源代码和原始比特币区块［又称**起源**（genesis）比特币区块］。

从本质上讲，比特币只是计算机网络中保存的字符（数字和字母）序列。比特币之所以有价值，是因为人们相信它有价值。用户希望在未来能够用比特币交换商品和服务。在这一点上，比特币与你口袋里的钞票没有什么不同。钞票那张纸本身没有什么内在价值。它的价值来自你对于它能够交换有价值的东西的期望。

比特币使用起来相当简单。用户通过应用程序购买、出售和交换比特币。比特币可以用来从接受比特币的零售商那里购买现实世界中的商品。数字经纪人将乐于用比特币兑换老式的国家管控货币。用户的匿名性由公钥加密进行保护（见第 7 章）。在使用比特币之前，用户会生成一个公钥和私钥对。用户自己保留私钥。公钥的作用是作为比特币上用户的 ID。

当一个用户想要向另一个用户发送比特币时，他们就创建了一个交易。该交易由交易 ID、发送方 ID、接收方 ID、金额和输入交易的 ID 组成（图 13.1）。本次交易的输入是一些以前的交易，在这些以前的交易中，本次交易的发送方收到了他们即将支付的比特币。输入的交易

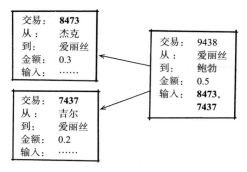

图 13.1 一次比特币交易必须引用之前的输入交易，输入交易的总金额必须与此次交易的金额相等

必须已经记录在分类账中，并且以前没有被支付过。假设爱丽丝想发送 0.5 比特币给鲍勃。她引用了之前的两个交易，分别是从杰克和吉尔那里收到的 0.3 比特币和 0.2 比特币。她通过在新交易中囊括先前交易的 ID 来做到这一点。要支付的金额和引用的总金额必须能够完全匹配。这可能意味着发送者必须将一些比特币作为找零发回给自己。

发送方的加密密钥用于在交易中**核验**（authenticate）身份（图 13.2）。身份核验确保发送方确实希望将该比特币金额转移给接收方。它还保证交易不是来自一个奸诈的第三方。若要启用身份核验，发送方需将数字签名附加到交易中。数字签名相当于纸质支票上的手写签名。

数字签名是通过使用发送方的私钥对交易摘要进行加密来创建的。通常情况下，公钥用于加密，私钥用于解密。为了生成签名，要将这个过程反过来。私钥用于加密，公钥用于解密。这意味着任何人都可以检查签名，但只有发送方可以创建签名。

当比特币网络中的一台计算机收到这笔交易时，它首先核验签名是真实的（图 13.2）。核验方法是使用发送方的公钥来解密签名。这将得到交易摘要。接收方也对交易生成摘要，并对解密版本和计算版本进行比对。如果能够匹配，交易就必然是真实的。只有真正的发送者才能创

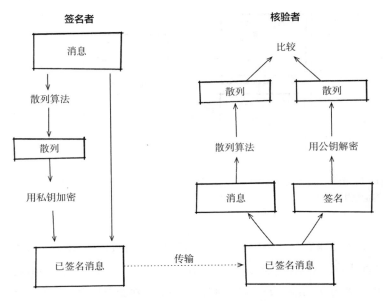

图 13.2　数字签名的创建和验证

建数字签名，因为只有他们拥有私钥。如果两个版本不匹配，此次交易将被视为无效而被拒绝。

数字签名确保交易在途中不被篡改。对讯息的任何更改都会改变其摘要。结果是计算出的摘要将与解密后的摘要不能匹配。

交易摘要通过**散列**（hashing）算法计算。散列算法将大量文本压缩为更短的字符序列。在这个过程中信息会丢失，但输出序列高度依赖于输入。换句话说，原始文本中的一个微小变化就会引起输出中出现一个大的随机变化。摘要通常称为消息的**散列**（hash）。比特币中使用的散列函数本质上是一种高级的校验和算法（见第 7 章）。

身份核验之后，新交易被**验证**（validated）。接收方计算机检查输入的交易是否存在于分类账中，并且检查关联的钱以前没有支付过。

区块链

接下来，交易被**确认**（confirmed）并**记录**（logged）。网络计算机将新的交易合并到一个更大的未经确认的交易区块中。区块只是一组未经确认的交易及其相关数据。网络计算机彼此竞赛将它们的区块添加到分类账中，跑得最快的获胜计算机能够将自己的区块整合到区块组成的链条中。这个区块的链条（或称**区块链**）就是分类账（图 13.3）。它将每一个确认的比特币区块连接起来构成一个完整的序列，一直能延伸到中本聪的起源区块。区块链的链接是通过在下一个区块中包含前一个区块的 ID 来形成的。区块链严格地定义了交易被记录入分类账的顺序。单个块中的交易被认为是同时发生的。任何先前区块中的交易都被认为是在更早的时间发生的。获胜计算机与整个网络共享其区块，以便所有的分类账都保持最新。

该竞赛确保在同一时间只有一台计算机可以向区块链中添加一个区块。赢得这场比赛全靠运气。在大多数情况下，第二名的计算机与第一名的计算机之间有很大的延迟。这个延迟为获胜计算机提供了充足的时间，可以完成其区块链更新，并使更新能在网络中传播开。第一名和第

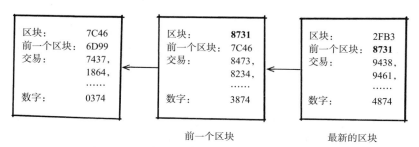

前一个区块　　　　　　　　最新的区块

图 13.3　区块链。区块通过区块 ID 链接在一起，以执行交易被记录于分类账上的顺序。区块包含一个唯一的区块 ID、前一个区块的 ID、一组交易和一个随机生成的数字

二名之间胜负难分的可能性不大，但这种情况仍有可能发生。为此，规则要求在一个区块被视为确认之前，需要有 6 个区块被添加到了区块链中。在实用层面，连续 6 次胜负难分是不可能的。

为了获胜，计算机必须创建一个有效的区块。这是通过生成一个随机数并将其附加到一个候选交易组来完成的。接下来，对该区块应用散列算法。如果散列值小于预先确定的阈值，则认为该候选区块是有效的。如果散列值等于或大于阈值，则认为该候选区块无效。网络计算机尝试不同的随机数，直到形成一个有效的区块。第一个创建出有效区块的计算机获胜，并与网络的其余计算机共享该区块。其他机器通过将该区块添加到它们自己的分类账副本中来记录交易。之后，所有的计算机都会继续尝试使用尚未提交到分类账的交易来创建一个新的有效区块。

创建一个有效的区块需要尝试大量的随机数。提前预测到哪个数字将通过散列阈值测试是不可能的。试错是找到合适数字的唯一方法。由于生成一个有效的区块取决于运气，任何一台计算机都可能成为下一个获胜者。因此，不存在向链中添加区块的独家权限。区块链流程分布在成员计算机组成的整个网络上（详见附录）。

这解释了比特币是如何在用户之间交换的。然而，最初是如何产生区块的呢？

每当网络计算机创建一个有效的区块时，其所有者就会获得比特币奖励。通过验证区块来获得比特币的过程被称为**挖矿**（mining）。起源区块的验证向中本聪发放了 50 个比特币。同样地，网络计算机的所有者也会因为维护分类账而得到奖励。

比特币的早期应用者是在线黑市上的买家和卖家。非法购买毒品推动了比特币在暗网上的涌现。起初，它主要的吸引力是匿名性。随着时间的推移，合法组织开始接受比特币支付。"比特币基地"（Coinbase）成立于 2012 年，是一家数字货币经纪商。2014 年，微软开始接受用比特币在线购买 Xbox 游戏。比特币在"硬"货币世界中的价值就像坐过山车一样。2011 年，一个比特币值 30 美分。2017 年 12 月 18 日，价格飙升至 19 498.63 美元，创历史新高。

乍一看，挖矿比特币似乎是一种从无到有创造钱的方式。只需要安装比特币软件、下载分类账并开始挖矿。然而，计算机的成本和它所消耗的电力是实实在在的。据估计，2019 年全球比特币挖矿的收入超过 80 亿美元，成本超过 30 亿美元。挖矿的回报每 4 年减半。最终，大约将发行 2 100 万枚比特币。

比特币的成功催生了一系列加密货币，最著名的是诞生于 2015 年的以太坊（Ethereum）和诞生于 2019 年的脸书的 Libra。然而，各家公司也在大力投资支撑比特币的区块链技术。区块链提供了一个安全的分布式分类账，独立于加密货币发行方。区块链可以追踪和执行对任何形式的交易进行排序。其可能的应用领域有验证法律合同、维护在线身份、记录医疗历史、验证媒体报道信源和追踪供应链。区块链可能会重塑许多行业的运营模式，并最终证明自己比比特币本身更有用。

中本聪是何许人？

关于比特币真正奇怪的地方是，没有人知道比特币的发明者中本聪是什么人。中本聪这个名字第一次出现是在最初的比特币白皮书发布时。中本聪在密码朋克的邮件列表中继续活跃了几年，然后在 2010 年，中本聪将比特币源代码的控制权交给了加文·安德烈森（Gavin Andresen）。第二年 4 月，中本聪宣布：

> 我已经去做其他事情了。
> 它在加文和大家手里会很好。

除了少数几条消息（其中大部分现在被认为是恶作剧）外，这是人们最后一次听到中本聪的消息。

当然，关于中本聪的身份有很多猜测。线索很少。中本聪显然是一位（或一群）世界级的密码学家。比特币的源代码无可挑剔，所以中本聪也是一位代码专家。中本聪的书面英语堪称完美。因此，他的母语可能是英语。仔细观察中本聪的帖子，会发现他有英国或澳大利亚口音的蛛丝马迹。起源区块中包含来自伦敦《泰晤士报》的新闻标题。也许中本聪来自英国。对时间戳的分析显示，中本聪主要在格林尼治时间下午3点到凌晨3点之间发布公告栏消息。如果这个习惯是基于夜间睡眠模式，那么这意味着中本聪可能生活在美国东海岸。没有任何关于中本聪性别的线索。

嫌疑人名单在网上流传开来，大多数顶尖的密码朋克的名字都曾被提到过。有些人甚至声称自己就是中本聪。然而，到目前为止，还没有人能证明他们就是中本聪。要解开这个谜，需要做的就是解密使用中本聪公钥发送的消息。能够这样做的个人或群体必须拥有中本聪的私钥。

中本聪拥有的110万枚比特币仍未动用。目前（2019年），110万比特币的价值超过110亿美元。按此计算，中本聪是世界上最富有的150人之一。为什么他、她或他们不站出来取得他们应得的财富？这种不情愿仅仅是因为严格遵守密码朋克的荣誉准则，还是发生了什么更罪恶的事情？

中本聪仍然是个谜。

量子计算机

比特币非常依赖RSA公钥的加解密来确保用户的匿名性并提供交易核验。RSA算法的安全性建立在这样一个假设上：对于很大的数，不存在快速的素因数分解算法（见第 7 章）。[2] 换句话说，不存在一个快速的方法来确定哪两个素数相乘可以得到一个给定的大数。显然，21 的素因数是 3 和 7，但这种判断比较快，因为 21 这个数字很小。在超级计算机上，一个大数的素因数分解可能需要花费几十年的时间。

比特币以及整个互联网的安全大厦，都建立在大数的素因数分解很慢这个单一假设上。如果发明出一种快速的素因数分解算法，比特币和互联网上几乎所有的秘密消息都会突然变得容易受到攻击。1994 年，这种算法的幽灵出现了。唯一值得庆幸的是，这个神奇算法需要一种新型的计算机。这是一种叫作**量子计算机**（quantum computer）的设备。

1981 年，理查德·费曼（Richard Feynman）在 MIT 的一次会议上发表了有关于此的主题演讲。那时，费曼 63 岁，被公认为有史以来最伟大的物理学家之一。二战期间，他在洛斯阿拉莫斯参与了曼哈顿计划。在康奈尔大学时，他在量子电动力学方面取得了巨大的成就。在加州理工学院时，费曼开创了超流体和量子引力的新概念。他是 1965 年诺贝尔物理学奖的获得者之一。[3]

费曼在 MIT 的演讲的题目为《用计算机模拟物理》（Simulating Physics with Computers）。在演讲中，他指出传统计算机永远无法精确模拟亚原子粒子的行为。他提出需要一种新型的计算机。一种利用量子效应来模拟物理系统的计算机。他的想法是，可以利用亚原子粒子的怪异行为来进行不可思议的高速计算。费曼将他的理论机器命名为量子计算机。

此后十多年间，费曼的想法一直是一种智力游戏——数学家和物理学家只是摆弄这个概念，但没有人认真对待。实际上，建造这样一台机器将是一项极其复杂的工作，而且，建造出它似乎也没有多大意义。传统的电子计算机足以完成大多数任务。

1994 年，MIT 应用数学教授彼得·肖尔（Peter Shor）改变了人们对量子计算机的主流认知。他公布了一种可以在量子计算机上执行快速素因数分解的算法。如果量子计算机能够建成，肖尔的算法将比之前的任何方法快几个数量级。

传统的计算机使用微观导线上的电平来代表信息。如果导线上的电平很高，则导线代表 1。相反，低电平则代表 0。这种两级系统被称为二进制，因为每条导线只能有两个值之一——0 或 1（见第 7 章）。关键是，在任何时刻，每根导线上的电平都只有一个值，因此只代表一个二进制数字（或数位）。所以，计算必须一个接一个地执行。

相比之下，量子计算机使用亚原子（或称量子粒子）的性质来代表信息。亚原子粒子的各种物理性质可以被利用起来。其中一个选项是电子的自旋。用向上自旋转代表 1，用向下自旋转代表 0。利用亚原子粒子特性的最大优势在于，在量子世界中，粒子可以同时处于多种状态。这种奇怪的行为可以用**叠加原理**（principle of superposition）来概括。20 世纪早期，物理学家发现了这种效应。电子可以同时以所有可能的方向自旋。利用这种效应来代表数据意味着单个电子可以同时代表 0 和 1。这种现象产生了量子计算机的基本信息单位——**量子比特**（quantum bit，或简写为 qubit）。

随着量子比特的引入，量子计算机的性能将呈指数级增长。一个量子比特可以同时代表两个值——0 和 1。2 个量子比特能够同时代表 4 个值——00、01、10 和 11。一个十量子比特系统可以同时囊括从 0 到 1 023 的所有十进制数值。当量子计算机执行一个操作时，它同时应用于所有状态。例如，将 1 加到一个十量子比特系统中，一次就可执行 1 024 项加法。在传统计算机上，这 1 024 项加法必须一项接一项地执行。这种效应赋予了量子计算机指数级加速计算的潜力。

不过，还是有一个阻碍。测量量子比特的值会使它的状态**坍缩**（collapse）。这意味着当测量量子比特的物理状态时，它会稳定到某一个值。因此，即使十量子比特系统可以同时执行 1 024 项加法，但仍然只能拿到一个结果。更糟糕的是，输出是从 1 024 种可能中随机选择的。

加 1 计算的坍缩后结果可以是 1 到 1 024 之间的任意值。显然，随机选择输出是不理想的。大多数情况下，我们希望输入一些数据并获得特定的结果。解决这个问题的方法是一种称为**干涉**（interference）的效应。有时可以实现让不想要的状态相互进行破坏性干涉。通过这种方式，不需要的结果可以被删除，留下唯一的、想要的结果。

量子计算机非常适合求解那些需要评估许多备选方案并返回单一结果的问题。组合优化问题很符合这一设定（见第 6 章）。例如，旅行商问题要求评估所有可能的城市旅行路线的长度，但只返回最短的路线。这完全符合量子计算机的架构，前提是可以找到次优解决方案来实现干涉。对于解决组合优化问题来说，量子计算机的性能远远超过世界上最快的超级计算机。一台投入使用的量子计算机将彻底改变药物发现、材料设计和调度等具有挑战性的问题。它还能解决素因数分解问题。

肖尔寻找素因数的算法在传统计算机上运行缓慢，但非常适配量子计算机。算法从猜测其中一个素数开始。当然，这个猜测几乎肯定是错的。肖尔的算法不是再次猜测，而是试图改进这个猜测。做法是猜测数一次又一次地乘以自身。每次，算法都将原始的大数除以乘积的结果，并存储得到的余数。在大量重复之后，余数序列表现出一种模式——以固定的周期重复（见第 7 章中的时钟算术）。肖尔的算法通过傅里叶变换来确定周期（见第 2 章）。傅里叶变换输出的峰值就是序列的周期。所寻找的一个素数的倍数可以这样计算：计算原始猜测数的二分之一周期数次幂，得到的值再减去 1。

此时，算法得到了原始大数和它一个素因数的倍数。这两个数都是所寻找的素数的倍数。求两个数的最大公约数相对简单。这里可以应用欧几里得算法（见第 1 章）。欧几里得算法不断地用一个数减去另一个数，直到所得的两个数相等。此时，这两个数就等于最大公约数。在肖尔的算法中，最大公约数是素因数之一。另一个素因数可以简单地用原始大数除以这个素数得到。

这个过程并不是每次都有效。成功与否取决于最初的猜测数。如果一次尝试不成功，那么就以一个不同的猜测数重复这些步骤。在99%的情况下，肖尔的算法只需10次或更少次数的迭代就能求出素因数（详见附录）。

在传统的计算机上，一次接一次地相乘是非常缓慢的。在任何模式显现之前，该循环必须重复很多次。而在量子计算机上，由于叠加原理的作用，这些乘法可以同时执行。之后，可以使用量子傅里叶变换来消除那些除最强重复模式之外的所有重复模式。这得出了余数序列的周期，它可以坍缩并被测量。然后在传统计算机上执行欧几里得算法。叠加原理和干涉现象使量子计算机能够以惊人的速度执行肖尔的算法。

谷歌、IBM、微软和一些初创公司的团队现在都在追逐量子计算的梦想。相比超级计算机，他们的设备更像大型物理实验。建造量子计算机需要设计和在亚原子水平上制造量子逻辑门。测量和控制亚原子粒子的状态需要非常精确的设备。为了进行可靠的测量，量子比特必须冷却到接近绝对零度（$-273℃$）。

到目前为止，研究者已经证明多达72个量子比特执行的计算是可行的。理论上，72个量子比特应该就能提供强大的计算能力。然而，在实际应用中，**量子噪声**（quantum noise）会影响性能。亚原子粒子状态的微小波动可能导致计算错误。领域内的研究团队通过将一些量子比特用于错误纠正来弥补这一点（见第7章）。缺点是可用于计算的量子比特就减少了。从表面上看，解决方案似乎很简单——只需增加更多量子比特。然而，一个担忧是，如果更多的量子比特只意味着更多的噪声和错误呢？如果新增加的量子比特中没有一个能被用于计算呢？

2019年10月，谷歌的一个团队声称他们的量子计算机实现了**量子霸权**（quantum supremacy）。该团队表示，这台计算机完成了一项无法想象传统计算机能够完成的计算。该程序检查并确认了量子随机数生成器的输出的确是随机的。他们的"悬铃木"（Sycamore）量子计算芯片使用 53 个量子比特在 200 秒内完成了这项任务。该团队估计，同样的计算在超级计算机上需要花费超过 1 万年的时间。IBM 表示不能苟同。他们算出在一台超级计算机上，这项任务可以在两天半内完成。虽然这不算是量子霸权，但 4 分钟和 3 600 分钟之间的差距仍然很明显。

还要面对许多挑战。然而，似乎量子计算机的设计者们正在着手搞一件大事。

这不是结束

自从古美索不达米亚首次将算法铭刻在黏土板上以来，算法已经取得了长足的进步。第一代计算机改变了算法的重要性和能力范围。集成电路发明以来，算法的能力呈指数级增长。进一步的加速增长可能会来自量子计算的推动。很难预测未来几年会发生什么，但人工智能似乎将从根本上改变我们的世界的运行方式。

由于缺乏翻译人员，数以千计来自古美索不达米亚的泥板躺在世界各地的博物馆里，无人解读。如今，最新的人工智能算法被用于自动翻译来自公元前 21 世纪美索不达米亚南部地区的 67 000 块记录行政事务的泥板。在这场也许是最漫长的轮回之中，最古老的算法将由最新的算法来解读。

附　录

页面排序算法

将链接计数表作为输入。

计算页面等级分，即页面入链数除以入链的平均数。

重复以下步骤：

对每一列重复以下步骤：

将累加总分设置为零。

对列中的每个条目重复以下步骤：

查找该行页面的当前页面等级分。

乘以行与列之间的链接数。

除以该行页面的总出链数。

乘以阻尼系数。

将结果加进累加总分中。

当处理完该列中的所有条目时，停止重复。

将阻尼项加到累加总分中。

将得到的值存储为该列相应页面新的页面等级分。

处理完所有列后，停止重复。

当页面等级分的变化很小时，停止重复。

输出页面等级分。

人工神经网络训练

将训练数据集和网络拓扑结构作为输入。

用随机参数填充拓扑结构。

重复以下步骤：

    对每个训练示例重复以下步骤：

        将输入应用于网络。

        使用正向传播计算网络输出。

        计算实际输出和期望输出之间的误差。

        以反向推进的方式对网络中的每一层重复以下步骤：

            对这一层中的每个神经元重复以下步骤：

                对神经元中的每个权重和偏置重复以下步骤：

                    确定参数和误差之间的关系。

                    计算参数的校正值。

                    将校正值乘以学习率。

                    从参数中减去这个值。

                神经元完成更新后，停止重复。

            层完成更新后，停止重复。

        网络完成更新后，停止重复。

    当训练数据集穷尽时，停止重复。

当误差没有进一步减少时，停止重复。

冻结参数。

训练完成。

比特币算法

比特币发送者：

　　创建一个交易，记录发送方的公钥、接收方的公钥、金额和交易输入的 ID。

　　给交易附加一个数字签名。

　　将签名的交易广播到比特币网络上。

比特币网络中的计算机：

　　检查签名的真实性。

　　检查输入的交易是否已经被支付过。

　　将交易整合进候选区块中。

　　把候选区块连接进区块链中。

　　重复以下步骤：

　　　　生成一个随机数并将其附加到区块中。

　　　　计算区块的散列值。

　　如果散列值小于阈值，停止重复，或者如果另一台计算机获胜，就放弃尝试。

　　向网络广播有效的区块。

比特币接收者：

　　当某个区块和另外 5 个区块被添加到区块链中时，接受交易。

肖尔的算法

将一个大数作为输入。

重复以下步骤：

    以一个素数作为猜测数。

    将猜测数存储在内存中。

    创建一个空列表。

    重复以下步骤：

        将内存中的值乘以猜测数。

        更新内存中的值。

        计算输入除以内存中的值后所得的余数。

        将这个余数附加到列表中。

    在大量重复之后，停止重复。

    对余数列表应用傅里叶变换。

    找出最强谐波的周期。

    计算猜测数的二分之一周期数次幂，得到的值再减去 1。

    对这个值和输入应用欧几里得算法。

当返回值是输入的一个素因数时，停止重复。

输入除以素因数。

输出这两个素因数。

注　释

引　言

1. 严格来讲，连加法也是一种算法。
2. 一种常见的误解是，"算法"这个词是"方法"的同义词。这两个词不等同。方法由一系列步骤组成。算法是解决信息问题的一系列步骤。
3. 在这个例子中，将书看成代表书名的符号。重新排列这些书——符号——有整理书名的效果。

第 1 章　古老的算法

1. 据我们所知，印加文明是青铜时代唯一没有发明文字的文明。埃及数学记录在纸草上。因此，人们怀疑大部分埃及数学都已经佚失了。古埃及数学本质上是实用性的，围绕着数值计算展开。美索不达米亚数学在算法的使用、应用和描述方面更为明确。
2. 阿卡德帝国最初是位于美索不达米亚中部的一个城市国家，后来发展到包括幼发拉底河与底格里斯河之间的大部分土地以及黎凡特的部分地区。
3. 赫伦的算法是对更通用的牛顿–拉弗森（Newton-Raphson）方法的简化。
4. 近似算法可以通过用 2 除以最近的近似值来加速，而不是在最近的 2 个近似值之间取中间值。
5. 1994 年，杰里·邦内尔（Jerry Bonnell）和罗伯特·内米罗夫（Robert Nemiroff）编写了一个在 VAX 计算机上运行的程序，这个程序能够对 2 的平方根枚举到 1 000 万位。邦内尔和内米罗夫没有透露他们使用的是哪种算法。
6. 欧几里得算法的原始版本使用的是减法，也可以用除法代替。在某些情况下，使用除法更快，但必须注意的是，一个除法操作实际上是一系列减法操作。或者说，除法可以在对数域中作为减法来执行。

第2章 不断扩展的圆圈

1. 有人声称，阿基米德的破解方法是由巴比伦人发明的，在阿基米德所在的时代，该方法的设计传播到了埃及。
2. 阿基米德无法获得我们今天使用的正弦、余弦和正切三角函数的种种好处。内六边形的边长是 $2r\sin(\frac{\pi}{6})$。内角的一半等于圆心到边的圆心角。外六边形的边长是 $2r\tan(\frac{\pi}{6})$。
3. 阿基米德的算法最终被基于无穷级数的计算所取代。
4. 约1145年，切斯特的罗伯特（Robert of Chester）将这本《代数学》翻译成了拉丁语。
5. 二次函数型算法的形式为 $ax^2 + bx + c = 0$，其中 a、b、c 是已知常数（或称系数），x 是待计算的未知数。
6. 其他文明发展出了十进制数字系统，包括中国和埃及。然而，他们使用不同的数字符号（数位表示法），总的来说，使用的是不同的位置系统。
7. 更准确地说，傅里叶声称，任何变量的函数都可以表示为一系列正弦函数的加合，这些正弦函数的周期是原始函数周期除以 2 的幂。莱昂哈德·欧拉（Leonhard Euler）、约瑟夫·路易斯·拉格朗日（Joseph Louis Lagrange）和卡尔·弗里德里希·高斯之前都使用用过傅里叶级数。然而，傅里叶的工作推广了这一概念，并为后来的工作奠定了基础。
8. 在傅里叶变换的例子中，为简单起见，我省略了 DC（常数）分量。
9. 图基还创造了"软件"和"比特"这两个术语。

第3章 计算机之梦

1. 1号差分机的完成部分现在陈列在伦敦的科学博物馆里。它是个长方体，高60厘米多一点，宽60厘米，长近45厘米。一个木制的底座支撑着一个金属框架，其中含有3摞黄铜圆盘。圆盘标记有十进制数字，并由一套复杂的轴承、杠杆和齿轮连接起来。一个曲柄和一系列齿轮位于差分机的顶部，在一块金属板之上。从装置可以充分看出克莱门特手艺的质量和精度。然而，在现代人看来，这款设备更像是一台精巧的维多利亚风格收银机，而不像一台计算机。
2. 在某些地方，洛芙莱斯在分析机项目的参与度被夸大了。她没有参与机器本身的设计。然而，她的确明白它是做什么的、如何用于计算以及如何对其编程。她向巴贝奇追根究底，促使他解释他的方法。她不仅思考了这台机器是什么，而且还设想了它可能变成什么样子。也许她最大的成就在于将巴贝奇非凡的思想传达给更广泛的受众。
3. 分析机的一部分已经组装好，现保存在伦敦的科学博物馆。
4. 巴贝奇的半个大脑也陈列在伦敦的科学博物馆里，这令人毛骨悚然。另外半个大脑则在皇家外科学院保存。梅纳布雷亚是分析机原始论文的作者，他后来成为意大利总理（1867—1869）。
5. 图灵在普林斯顿的导师阿朗佐·丘奇几乎在同一时间提出了另一种基于微积分的证明。图灵的提议与库尔特·哥德尔（Kurt Gödel）的早期工作密切相关。

6. 图灵最初对图灵测试的描述有些古怪，他把区分计算机和人类等同于区分男人和女人。有人怀疑这与他自己的同性恋特质有潜在关系。

7. 据称，苹果公司的图标是图灵床边发现的那颗苹果的象征。当被问及此事时，史蒂夫·乔布斯回答说不是，但他希望是。

8. 1998 年，让 Z3 实现图灵完备的修改程序发布。

9. 在乔治·斯蒂比茨（George Stibitz）的指导下，贝尔实验室也开发了一个基于继电器的计算器。

第 4 章　天气预报

1. 在这里，我使用"计算机"作为"伪图灵完备计算机"的简写。有"伪"字是因为它们没有无限大的内存。伪图灵完备计算机是数字化的，因为它们能处理数字，而这些数字代表信息。所谓的"模拟计算机"是使用连续的物理量来代表信息的固定功能设备。

2. 拉森裁决的一个关键部分是，"埃克特和莫希利本人并不是首先发明自动电子数字计算机的人，而是从约翰·文森特·阿塔纳索夫博士那里衍生出了这个主题"。

3. 大数定律指出，随着试验次数的增加，随机过程多次试验的平均结果趋于真值。

4. 恩里科·费米（Enrico Fermi）之前曾试验过蒙特卡洛方法的一个版本，但他没有发表过相关的论文。

5. 梅特罗波利斯后来出现在了伍迪·艾伦的一部电影中，扮演一名与自己同名的科学家。

6. 亨利·庞加莱（Henri Poincaré）在 19 世纪 80 年代发现了一个混沌系统，其形式是三个相互环绕运动的物体。他还发展出了理论来研究这种效应。

7. 如今，集成电路中晶体管的数量每 24 个月就会翻一番——这是一个轻微的减速。

第 5 章　人工智能现身

1. 英国广播公司录下了斯特雷奇的 3 首计算机作品：英国国歌、《咩咩黑羊》（Baa Baa Black Sheep）和《兴致勃勃》（In the Mood）。历史记录的修复版本现在已经上线。

2. 1971 年，肖离开兰德公司，成为一名软件和编程顾问。他于 1991 年去世。

3. 1994 年，乔纳森·谢弗（Jonathan Schaeffer）编写的跳棋程序"奇努克"（Chinook）击败了世界冠军马里恩·廷斯利（Marion Tinsley）。

4. 塞缪尔的学习和极小化极大步骤借鉴了克劳德·香农 1950 年一篇关于国际象棋的论文中的提议。与塞缪尔不同，香农并没有开发一个实际的程序。

5. 纽厄尔和西蒙确实做出了另外 3 个预言，这些预言也都实现了。

第 6 章　大海捞针

1. 目前，解决旅行商问题最快的算法具有指数级复杂度。1976 年，尼科斯·克里斯托菲德斯（Nicos Christofides）提出了一种算法，可以快速生成比最短路径最多差 50% 的路径。从那时起，快速近似算法得到了改进，以保证能得到比最短路径差不超过 40% 的路径。

2. 在最坏的情况下，快速排序需要的操作次数与插入排序一样多。

3. 迄今为止，唯一被解决的千禧年难题是格里戈里·佩雷尔曼（Grigori Perelman）在 2003 年证明的"庞加莱猜想"。

4. 人们认为乔治·福赛斯（George Forsythe）在 1961 年发表的一篇论文中创造了"计算机科学"一词，但这个词的历史要更早。路易斯·费恩（Luis Fein）在 1959 年的一篇论文中使用它来描述大学的计算机学院。

5. 最初的 NRMP 算法是由约翰·穆林（John Mullin）和 J. M. 斯托纳克（J. M. Stalnaker）在波士顿池算法被采用之前开发的。盖尔-沙普利算法在 1962 年最终发表之前，曾两次因过于简单而遭到拒稿。

6. 在霍兰的工作之前，尼尔斯·巴里塞利（Nils Barricelli）和亚历山大·弗雷泽（Alexander Fraser）使用计算机算法来模拟和研究生物演化过程。然而，他们的方法缺少霍兰工作中所包含的某些关键元素。

7. 据说霍兰是美国第一个获得计算机科学博士学位的人。事实上，他攻读的是密歇根大学的传播学研究生课程，而不是计算机科学课程。美国计算机科学的前两个博士学位都是在 1965 年 6 月 7 日这一天授予的。两位获得者分别是威斯康星大学的梅·凯玛尔（May Kemmar）修女和圣路易斯华盛顿大学的欧文·唐（Irving Tang）。

8. 费希尔将他的书题献给达尔文的儿子伦纳德·达尔文，他与费希尔有着长期的友谊，伦纳德在书的写作过程中提供了很多支持。

9. 矛盾的是，霍兰用自然演化理论的成功来支撑他在遗传算法方面的工作，而生物学家却用霍兰的算法来支持他们关于自然演化真实存在的论点。

第 7 章　互联网

1. 关于伦纳德·克兰罗克在分组交换的发展中扮演的角色，学界有一些分歧。在我看来，克兰罗克在 MIT 读博士期间开发出了适用于分组交换网络的数学分析，但他并没有发明分组交换。

2. "互联网"（Internet）这个词，是互联网络（internetworking）的简写，似乎是由温特·瑟夫和斯坦福大学的两位同事——约根·达拉尔（Yogen Dalal）和卡尔·森夏恩（Carl Sunshine）——创造的。

3. ISBN 检验位的计算方法是，其他 12 位数字交替乘以 1 或 3，将结果相加，从中提取最后一位数，然后用 10 减去这个数，必要时将结果 10 替换为 0。例如，小说《权力的游戏》的 ISBN 为 978-000754823-1。校验和为：$(9 \times 1) + (3 \times 7) + (8 \times 1) + (3 \times 0)$

$+（0×1）+（3×0）+（7×1）+（3×5）+（4×1）+（3×8）+（2×1）+（3×3）=$
99。检验位是 10 − 9 = 1。单个数字转录错误被 ISBN 检验位交叉验证发现的可能性有
9/10。

4. 确定错误位的快速方法是将奇偶校验结果按相反的顺序写出。在这个例子中，结果为
    0011，其中 0 代表偶数（该组中没有错误），1 代表奇数（该组中有错误）。这个值可
    以解读为一个二进制数 0011，给出了有错误的位，在本示例中是第 3 位。

5. 1978 年，默克尔发表了一篇论文概述自己的想法。

6. 爱丽丝、鲍勃和伊芙（窃听者）这些角色是由罗纳德·里维斯特、阿迪·沙米尔和伦纳
    德·阿德曼为了解释他们的新加密算法而创造的。这些角色已经有了自己的"生活"，
    现在在有关密码学和安全的论文中经常被提及。

7. 形式上，定商是小于某数且与其互素的整数的个数，也就是说这些数与这个数没有除
    1 外的公因数。公钥指数是一个介于 1 和定商之间的数，选定的数与定商互素。互素意
    味着它们不能同时被同一个数整除，1 除外。一个简单的解决方案是选择一个比定商小
    的素数作为公钥指数。

第 8 章　搜索网络

1. 马赛克浏览器很快被网景领航员（Netscape Navigator）浏览器取代。微软随后获得了授
    权，将马赛克用于开发 IE（Internet Explorer）浏览器。

第 9 章　脸书与朋友

1. 事实上，还有许多其他因素可以利用。例如，好的推荐系统不会只选择相似的用户和
    相似的电影。所有用户和电影都可以作为预测因素。想象一下，肯和吉尔从来没有在
    电影问题上意见一致。假设肯的评分总是与吉尔的完全相反。如果肯给 1 颗星，那么
    吉尔给 5 颗星，以此类推。尽管他们的分数大不同，但肯的评分实际上是对吉尔的评
    分的完美预测。只需要用 6 减去肯的分数即可。事实上，他们俩的评级历史总是相反
    的这一点是很有用的信息。

第 10 章　全美最受欢迎的智力竞赛节目

1. 我在书中没有讨论"深蓝"与卡斯帕罗夫的比赛，因为它更多的是一个计算机芯片设
    计的故事，而不是一个算法的故事。

2. 因开发 TD-Gammon 算法而知名的加里·特索罗（Gary Tesauro）致力于研究此系统的
    游戏策略元素。

第 11 章　模仿大脑

1. 当计数网络的层数时，输入层被排除在外。
2. 明斯基和罗森布拉特都曾就读于布朗克斯科学高中。
3. 我看到过明斯基和罗森布拉特面对面直接辩论的说法，但我还没有看到过任何第一手资料。
4. 辛顿是乔治·布尔（George Boole）的曾曾孙辈。
5. "深度学习"这个术语是由里娜·德克特（Rina Dechter）在 1986 年述及机器学习时提出的，伊戈尔·艾森伯格（Igor Aizenberg）在 2000 年述及神经网络时也曾提出。
6. 2014 年，谷歌接管了图灵奖的基金，奖金增加为了原来的 4 倍，达到 100 万美元。

第 13 章　未来展望

1. 比特币最小的单位是聪——一个比特币的一亿分之一。
2. 在 RSA 加密算法被破解的情况下，比特币可以切换到后量子密码技术，如椭圆曲线密码。
3. 费曼 1985 年最畅销的自传——《别闹了，费曼先生！》（*Surely You're Joking, Mr. Feynman！*）——让他真正成为名人。

使用许可

- 算法的定义：© 牛津大学出版社。牛津大学出版社提供。
- 第 1 章和第 4 章的题记：© 牛津大学出版社。牛津大学出版社提供。
- 蓄水池算法：美国计算机协会许可授予的转载权限。
- 斯塔尼斯瓦夫·乌拉姆：洛斯阿拉莫斯国家实验室。除非另有说明，此信息由洛斯阿拉莫斯国家安全有限责任公司（Los Alamos National Security，LLC，LANS）的一名或多名雇员撰写。LANS 是洛斯阿拉莫斯国家实验室的运营商，与美国能源部签订的合同编号为 DE-AC52-06NA25396。美国政府有权使用、复制和分发这些信息。公众可以免费复制和使用本资料，但必须在所有副本上呈现本通告和作者资格的声明。美国政府和 LANS 均不对本信息的使用做出任何保证、明示或暗示，或承担任何义务或责任。
- 第 8 章的题记：这段摘录最初发表在《大西洋月刊》上，经《大西洋月刊》许可在此使用。
- 第 10 章的题记：肯·詹宁斯提供。

参考文献

1. Hoare, C.A.R., 1962. Quicksort. *The Computer Journal*, 5(1), pp. 10–16.
2. Dalley, S., 1989. *Myths from Mesopotamia*. Oxford: Oxford University Press.
3. Finkel, I., 2014. *The Ark before Noah*. Hachette.
4. Rawlinson, H.C., 1846. The Persian cuneiform inscription at Behistun, deciphered and translated. *Journal of the Royal Asiatic Society of Great Britain and Ireland*, 10, pp. i–349.
5. Knuth, D.E., 1972. Ancient Babylonian algorithms. *Communications of the ACM*, 15(7), pp. 671–7.
6. Fowler, D. and Robson, E., 1998. Square root approximations in old Babylonian mathematics: YBC 7289 in context. *Historia Mathematica*, 25(4), pp. 366–78.
7. Fee, G.J., 1996. The square root of 2 to 10 million digits. http://www.plouffe.fr/simon/constants/sqrt2.txt. (Accessed 5 July 2019).
8. Harper, R.F., 1904. *The Code of Hammurabi, King of Babylon*. Chicago: The University of Chicago Press.
9. Jaynes, J., 1976. *The Origin of Consciousness in the Breakdown of the Bicameral Mind*. New York: Houghton Mifflin Harcourt.
10. Boyer, C.B. and Merzbach. U.C., 2011. *A History of Mathematics*. Oxford: John Wiley & Sons.
11. Davis, W.S., 1913. *Readings in Ancient History, Illustrative Extracts from the Source: Greece and the East*. New York: Allyn and Bacon.
12. Beckmann, P., 1971. *A history of Pi*. Boulder, CO: The Golem Press.
13. Mackay, J.S., 1884. Mnemonics for π, $\frac{1}{\pi}$, e. *Proceedings of the Edinburgh Mathematical Society*, 3, pp. 103–7.
14. Dietrich, L., Dietrich, O., and Notroff, J., 2017. Cult as a driving force of human history. *Expedition Magazine*, 59(3), pp. 10–25.
15. Katz, V., 2008. *A History of Mathematics*. London: Pearson.
16. Katz, V. J. ed., 2007. *The Mathematics of Egypt, Mesopotamia, China, India, and Islam.*

Princeton, NJ: Princeton University Press.

17. Palmer, J., 2010. Pi record smashed as team finds two-quadrillionth digit – BBC News [online]. https://www.bbc.com/news/technology-11313194, September 16 2010. (Accessed 6 January 2019).

18. The Editors of Encyclopaedia Britannica, 2020. Al-Khwārizmī. In Encyclopaedia Britannica [online]. https://www.britannica.com/biography/al-Khwarizmi (Accessed 20 May 2020).

19. LeVeque, W.J. and Smith, D.E., 2019. Numerals and numeral systems. In Encyclopaedia Britannica [online]. https://www.britannica.com/science/numeral. (Accessed 19 May 2020).

20. The Editors of Encyclopaedia Britannica, 2020. French revolution. In Encyclopaedia Britannica [online]. https://www.britannica.com/event/French-Revolution. (Accessed 19 May 2020).

21. Cooley, J.W. and Tukey, J.W., 1965. An algorithm for the machine calculation of complex Fourier series. *Mathematics of Computation*, 19(90), pp. 297–301.

22. Rockmore, D.N., 2000. The FFT: An algorithm the whole family can use. *Computing in Science & Engineering*, 2(1), pp. 60–4.

23. Anonymous, 2016. James William Cooley. *New York Times*.

24. Heidenman, C., Johnson, D., and Burrus, C., 1984. Gauss and the history of the fast Fourier transform. *IEEE ASSP Magazine*, 1(4), pp. 14–21.

25. Huxley, T.H., 1887. *The Advance of Science in the Last Half-Century*. New York: Appleton and Company.

26. Swade, D., 2000. *The Cogwheel Brain*. London: Little, Brown.

27. Babbage, C., 2011. *Passages from the Life of a Philosopher*. Cambridge: Cambridge University Press.

28. Menabrea, L.F. and King, A., Countess of Lovelace, 1843. Sketch of the analytical engine invented by Charles Babbage. *Scientific Memoirs*, 3, pp. 666–731.

29. Essinger, J., 2014. *Ada's algorithm: How Lord Byron's daughter Ada Lovelace Launched the Digital Age*. London: Melville House.

30. Kim, E.E. and Toole, B.A., 1999. Ada and the first computer. *Scientific American*, 280(5), pp. 76–81.

31. Isaacson, W., 2014. *The Innovators*. New York: Simon and Schuster.

32. Turing, S., 1959. *Alan M. Turing*. Cambridge: W. Heffer & Sons, Ltd.

33. Turing, A.M., 1937. On computable numbers, with an application to the Entscheidungsproblem. *Proceedings of the London Mathematical Society*, s2–42(1), pp. 230–65.

34. Davis, M., 1983. *Computability and Unsolvability*. Mineola, NY: Dover Publications.

35. Strachey, C., 1965. An impossible program. *The Computer Journal*, 7(4), p. 313.

36. Turing, A.M., 1950. Computing machinery and intelligence. *Mind*, 59(236), pp. 433–60.

37. Copeland, B. Jack., 2014. *Turing*. Oxford: Oxford University Press.

38. Abbe, C., 1901. The physical basis of long-range weather forecasts. *Monthly Weather Review*, 29(12), pp. 551–61.

39. Lynch, P., 2008. The origins of computer weather prediction and climate modeling. *Journal of Computational Physics*, 227(7), pp. 3431–44.

40. Hunt, J.C.R., 1998. Lewis Fry Richardson and his contributions to mathematics, meteorology, and models of conflict. *Annual Review of Fluid Mechanics*, 30(1), pp. xiii–xxxvi.

41. Mauchly, J.W., 1982. The use of high speed vacuum tube devices for calculating. In: B. Randall, ed., *The Origins of Digital Computers*. Berlin: Springer, pp. 329–33.

42. Fritz, W.B., 1996. The women of ENIAC. *IEEE Annals of the History of Computing*, 18(3), pp. 13–28.

43. Ulam, S., 1958. John von Neumann 1903–1957. *Bulletin of the American Mathematical Society*, 64(3), pp. 1–49.

44. Poundstone, W., 1992. *Prisoner's Dilemma*. New York: Doubleday.

45. McCorduck, P., 2004. *Machines Who Think*. Natick, MA: AK Peters.

46. Goldstein, H.H., 1980. *The Computer from Pascal to von Neumann*. Princeton, NJ: Princeton University Press.

47. Stern, N., 1977. *An Interview with J. Presper Eckert*. Charles Babbage Institute, University of Minnesota.

48. Von Neumann, J., 1993. First draft of a report on the EDVAC. *IEEE Annals of the History of Computing*, 15(4), pp. 27–75.

49. Augarten, S., 1984. A. W. Burks, 'Who invented the general-purpose electronic computer?' In *Bit by bit: An Illustrated History of Computers*. New York: Ticknor & Fields. Epigraph, Ch. 4.

50. Kleiman, K., 2014. The computers: The remarkable story of the ENIAC programmers. Vimeo [online]. https://vimeo.com/ondemand/eniac6. (Accessed 11 March 2019).

51. Martin, C.D., 1995. ENIAC: Press conference that shook the world. *IEEE Technology and Society Magazine*, 14(4), pp. 3–10.

52. Nicholas Metropolis. The beginning of the Monte Carlo method. *Los Alamos Science*, 15(584), pp. 125–30.

53. Eckhardt, R., 1987. Stan Ulam, John von Neumann, and the Monte Carlo method. *Los Alamos Science*, 15(131–136), p. 30.

54. Wolter, J., 2013. Experimental analysis of Canfield solitaire. http://politaire.com/article/canfield.html. (Accessed 20 May 2020).

55. Metropolis, N. and Ulam, S., 1949. The Monte Carlo method. *Journal of the American Statistical Association*, 44(247), pp. 335–341.

56. Charney, J.G. and Eliassen, A., 1949. A numerical method for predicting the perturbations of the middle latitude westerlies. *Tellus*, 1(2), pp. 38–54.

57. Charney, J.G., 1949. On a physical basis for numerical prediction of largescale motions in the atmosphere. *Journal of Meteorology*, 6(6), pp. 372–85.

58. Platzman, G.W., 1979. The ENIAC computations of 1950: Gateway to numerical weather prediction. *Bulletin of the American Meteorological Society*, 60(4), pp. 302–12.

59. Charney, J.G., Fjörtoft, R., and von Neumann, J., 1950. Numerical integration of the barotropic

vorticity equation. *Tellus*, 2(4), pp. 237–54.

60. Blair, C., 1957. Passing of a great mind. *Life Magazine*, 42(8), pp. 89–104.

61. Lorenz, E.N., 1995. *The Essence of Chaos*. Seattle: University of Washington Press.

62. Lorenz, E.N., 1963. Deterministic nonperiodic flow. *Journal of the Atmospheric Sciences*, 20(2), pp. 130–41.

63. Epstein, E.S., 1969. Stochastic dynamic prediction. *Tellus*, 21(6), pp. 739–59.

64. European Centre for Medium-Range Weather Forecasts, 2020. Advancing global NWP through international collaboration. http://www.ecmwf.int. (Accessed 19 May 2020).

65. Lynch, P. and Lynch, O., 2008. Forecasts by PHONIAC. *Weather*, 63(11), pp. 324–6.

66. Shannon, C.E., 1950. Programming a computer for playing chess. *Philosophical Magazine*, 41(314), pp. 256–75.

67. National Physical Laboratory, 2012. Piloting Computing: Alan Turing's Automatic Computing Engine. YouTube [online]. https://www.youtube.com/watch?v=cEQ6cnwaY_s. (Accessed 27 October 2019).

68. Campbell-Kelly, M., 1985. Christopher Strachey, 1916–1975: A biographical note. *Annals of the History of Computing*, 7(1), pp. 19–42.

69. Copeland, J. and Long, J., 2016. Restoring the first recording of computer music. https://blogs.bl.uk/sound-and-vision/2016/09/restoring-the-first-recording-of-computer-music.html#. (Accessed 15 February 2019).

70. Foy, N., 1974. The word games of the night bird (interview with Christopher Strachey). *Computing Europe*, 15, pp. 10–11.

71. Roberts, S., 2017. Christopher Strachey's nineteen-fifties love machine. *The New Yorker*, February 14.

72. Strachey, C., 1954. The 'thinking' machine. *Encounter*, III, October.

73. Strachey, C.S., 1952. Logical or non-mathematical programmes. In *Proceedings of the 1952 ACM National Meeting* New York: ACM. pp. 46–9.

74. McCarthy, J., Minsky, M.L., Rochester, N., and Shannon, C.E., 2006. A proposal for the Dartmouth summer research project on artificial intelligence, August 31, 1955. *AI Magazine*, 27(4), pp. 12–14.

75. Newell, A. and Simon, H., 1956. The logic theory machine: A complex information processing system. *IRE Transactions on Information Theory*. 2(3), pp. 61–79.

76. Newell, A., Shaw, J.C., and Simon, H.A., 1959. Report on a general problem solving program. In *Proceedings of the International Conference on Information Processing*. Paris: UNESCO. pp. 256–64.

77. Newell, A. and Simon, H., 1972. *Human Problem Solving*. New York: PrenticeHall.

78. Schaeffer, J., 2008. *One Jump Ahead: Computer Perfection at Checkers*. New York: Springer.

79. Samuel, A.L., 1959. Some studies in machine learning using the game of checkers. *IBM Journal of Research and Development*, 3(3), pp. 210–29.

80. McCarthy, J. and Feigenbaum, E.A., 1990. In memoriam: Arthur Samuel: Pioneer in machine

learning. *AI Magazine*, 11(3), p. 10.

81. Samuel, A.L., 1967. Some studies in machine learning using the game of checkers. ii. *IBM Journal of Research and Development*, 11(6), pp. 601–17.

82. Madrigal, A.C., 2017. How checkers was solved. *The Atlantic*. July 19.

83. Simon, H.A., 1998. Allen Newell: 1927–1992. *IEEE Annals of the History of Computing*, 20(2), pp. 63–76.

84. CBS, 1961. The thinking machine. YouTube [online]. https://youtu.be/aygSMgK3BEM. (Accessed 19 May 2020).

85. Dreyfus, H.L., 2005. Overcoming the myth of the mental: How philosophers can profit from the phenomenology of everyday expertise. In: *Proceedings and Addresses of the American Philosophical Association*, 79(2), pp. 47–65.

86. Nilsson, N.J., 2009. *The Quest for Artificial Intelligence*. Cambridge: Cambridge University Press.

87. Schrijver, A., 2005. On the history of combinatorial optimization (till 1960). In: K. Aardal, G.L. Nemhauser, R. Weismantel, eds., *Discrete optimization*, vol. 12. Amsterdam: Elsevier. pp. 1–68.

88. Dantzig, G., Fulkerson, R., and Johnson, S., 1954. Solution of a large-scale traveling-salesman problem. *Journal of the Operations Research Society of America*, 2(4), pp. 393–410.

89. Cook, W., n.d. Traveling salesman problem. http://www.math.uwaterloo.ca/tsp/index.html. (Accessed 19 May 2020).

90. Cook, S.A., 1971. The complexity of theorem-proving procedures. In: *Proceedings of the 3rd annual ACM Symposium on Theory of Computing*. New York: ACM. pp. 151–8.

91. Karp, R., n.d. A personnal view of Computer Science at Berkeley. https://www2.eecs.berkeley. edu/bears/CS_Anniversary/karp-talk.html. (Accessed 15 February 2019).

92. Garey, M.R. and Johnson, D.S., 1979. *Computers and Intractability*. New York: W. H. Freeman and Company.

93. Dijkstra, E.W., 1972. The humble programmer. *Communications of the ACM*, 15(10), pp. 859–66.

94. Dijkstra, E.W., 2001. Oral history interview with Edsger W. Dijkstra. Technical report, Charles Babbage Institute, August 2.

95. Dijkstra, E.W., 1959. A note on two problems in connexion with graphs. *Numerische mathematik*, 1(1), pp. 269–71.

96. Darrach, B., 1970. Meet Shaky: The first electronic person. *Life Magazine*, 69(21):58B–68B.

97. Hart, P.E., Nilsson, N.J., and Raphael, B., 1968. A formal basis for the heuristic determination of minimum cost paths. *IEEE Transactions on Systems Science and Cybernetics*, 4(2), pp. 100–7.

98. Hitsch, G.J., Hortaçsu, A., and Ariely, D., 2010. Matching and sorting in online dating. *The American Economic Review*, 100(1), pp. 130–63.

99. NRMP. National resident matching program. http://www.nrmp.org. (Accessed 19 May 2020).

100. Roth, A.E., 2003. The origins, history, and design of the resident match. *Journal of the American Medical Association*, 289(7), pp. 909–12.

101. Roth, A.E., 1984. The evolution of the labor market for medical interns and residents: A case study in game theory. *The Journal of Political Economy*, 92, pp. 991–1016.

102. Anonymous, 2012. Stable matching: Theory, evidence, and practical design. Technical report, The Royal Swedish Academy of Sciences.

103. Kelly, K., 1994. *Out of Control*. London: Fourth Estate.

104. Vasbinder, J.W., 2014. *Aha... That is Interesting!: John H. Holland, 85 years young*. Singapore: World Scientific.

105. London, R.L., 2013. Who earned first computer science Ph.D.? *Communications of the ACM: blog@CACM*, January.

106. Scott, N.R., 1996. The early years through the 1960's: Computing at the CSE@50. Technical report, University of Michigan.

107. Fisher, R.A., 1999. *The Genetical Theory of Natural Selection*. Oxford: Oxford University Press.

108. Holland, J.H., 1992. *Adaptation in Natural and Artificial Systems*. Cambridge, MA: The MIT Press.

109. Holland, J.H., 1992. Genetic algorithms. *Scientific American*, 267(1), pp. 66–73.

110. Dawkins, R., 1986. *The Blind Watchmaker*. New York: WW Norton & Company.

111. Lohn, J.D., Linden, D.S., Hornby, G.S., Kraus, W.F., 2004. Evolutionary design of an X-band antenna for NASA's space technology 5 mission. In: *Proceedings of the IEEE Antennas and Propagation Society Symposium 2004*, volume 3. Monterey, CA, 20–25 June, pp. 2313–16. New York: IEEE.

112. Grimes, W., 2015. John Henry Holland, who computerized evolution, dies at 86. *New York Times*, August 19.

113. Licklider, J.C.R., 1960. Man-computer symbiosis. *IRE Transactions on Human Factors in Electronics*, 1(1), pp. 4–11.

114. Waldrop, M.M., 2001. *The Dream Machine*. London: Viking Penguin.

115. Kita, C.I., 2003. JCR Licklider's vision for the IPTO. *IEEE Annals of the History of Computing*, 25(3), pp. 62–77.

116. Licklider, J.C.R., 1963. Memorandum for members and affiliates of the intergalactic computer network. Technical report, Advanced Research Projects Agency, April 23.

117. Licklider, J.C.R., 1965. *Libraries of the Future*. Cambridge, MA: The MIT Press.

118. Licklder, J.C.R. and Taylor, R.W., 1968. The computer as a communication device. *Science and Technology*, 76(2), pp. 1–3.

119. Markoff, J., 1999. An Internet pioneer ponders the next revolution. *The New York Times*, December 20.

120. Featherly, K., 2016. ARPANET. In Encyclopedia Brittanica [online]. https://www.britannica.com/topic/ARPANET. (Accessed 19 May 2020).

121. Leiner, B.M., Cerf, V.G., Clark, D.D., Kahn, R.E., Kleinrock., L., Lynch, D.C., Postel, J., Robers, L.G., and Wolff, S., 2009. A brief history of the Internet. *ACM SIGCOMM Computer Communication Review*, 39(5), pp. 22–31.

122. Davies, D.W., 2001. An historical study of the beginnings of packet switching. *The Computer Journal*, 44(3), pp. 152–62.

123. Baran, P., 1964. On distributed communications networks. *IEEE Transactions on Communications Systems*, 12(1), pp. 1–9.

124. McQuillan, J., Richer, I., and Rosen, E., 1980. The new routing algorithm for the ARPANET. *IEEE Transactions on Communications*, 28(5), pp. 711–19.

125. McJones, P., 2008. Oral history of Robert (Bob) W. Taylor. Technical report, Computer History Museum.

126. Metz, C., 2012. Bob Kahn, the bread truck, and the Internet's first communion. *Wired*, August 13.

127. Vint, C. and Kahn, R., 1974. A protocol for packet network interconnection. *IEEE Transactions of Communications*, 22(5), pp. 637–48.

128. Metz, C., 2007. How a bread truck invented the Internet. The Register [online]. https://www.theregister.co.uk/2007/11/12/thirtieth_anniversary_of_first_internet_connection/. (Accessed 19 May 2020).

129. Anonymous, 2019. Number of internet users worldwide from 2005 to 2018. Statista [online]. https://www.statista.com/statistics/273018/number-of-internet-users-worldwide/. (Accessed 19 May 2020).

130. Lee, J., 1998. Richard Wesley Hamming: 1915–1998. *IEEE Annals of the History of Computing*, 20(2), pp. 60–2.

131. Suetonius, G., 2009. *Lives of the Caesars*. Oxford: Oxford University Press.

132. Singh, S., 1999. *The Code Book: The Secret History of Codes & Code-breaking*. London: Fourth Estate.

133. Diffie, W. and Hellman, M., 1976. New directions in cryptography. *IEEE Transactions on Information Theory*, 22(6), pp. 644–54.

134. Rivest, R.L., Shamir, A., Adleman, L., 1978. A method for obtaining digital signatures and public-key cryptosystems. *Communications of the ACM*, 21(2), pp. 120–6.

135. Gardner, M., 1977. New kind of cipher that would take millions of years to break. *Scientific American*. 237(August), pp. 120–4.

136. Atkins, D., Graff, M., Lenstra, A.K., Leyland, P.C., 1994. The magic words are squeamish ossifrage. In: *Proceedings of the 4th International Conference on the Theory and Applications of Cryptology*. Wollongong, Australia. 28 November-1 December 1994. pp. 261–77. NY: Springer.

137. Levy, S., 1999. The open secret. *Wired*, 7(4).

138. Ellis, J.H., 1999. The history of non-secret encryption. *Cryptologia*, 23(3), pp. 267–73.

139. Ellis, J.H., 1970. The possibility of non-secret encryption. In: *British Communications-*

Electronics Security Group (CESG) report. January.

140. Bush, V., 1945. As we may think. *The Atlantic*. 176(1), pp. 101–8.

141. Manufacturing Intellect, 2001. Jeff Bezos interview on starting Amazon. YouTube [online]. https://youtu.be/p7FgXSoqfnI. (Accessed 19 May 2020).

142. Stone, B., 2014. *The Everything Store: Jeff Bezos and the Age of Amazon*. New York: Corgi.

143. Christian, B. and Griffiths, T., 2016. *Algorithms to Live By*. New York: Macmillan.

144. Linden, G., Smith, B., and York, J., 2003. Amazon.com recommendations. *IEEE Internet Computing*, 7(1), pp. 76–80.

145. McCullough, B., 2015. Early Amazon engineer and co-developer of the recommendation engine, Greg Linden. Internet History Podcast [online]. http://www.internethistorypodcast. com/2015/04/early-amazon-engineer-and-co-developer-of-the-recommendation-engine-greg-linden/#tabpanel6. (Accessed 15 February 19).

146. MacKenzie, I., Meyer, C., and Noble, S., 2013. How retailers can keep up with consumers. Technical report, McKinsey and Company, October.

147. Anonymous, 2016. Total number of websites. Internet Live Stats [online] http://www. internetlivestats.com/total-number-of-websites/. (Accessed 15 February 19).

148. Vise, D.A., 2005. *The Google Story*. New York: Macmillian.

149. Battelle, J., 2005. The birth of Google. *Wired*, 13(8), p. 102.

150. Page, L., Brin, S., Motwani, R., and Winograd, T., 1999. The PageRank citation ranking: Bringing order to the web. Technical Report 1999–66, Stanford InfoLab, November.

151. Brin, S. and Page, L., 1998. The anatomy of a large-scale hypertextual web search engine. *Computer Networks and ISDN Systems*, 30(1–7), pp. 107–117.

152. Jones, D., 2018. How PageRank really works: Understanding Google. Majestic [blog]. https://blog.majestic.com/company/understanding-googles-algorithm-how-pagerank-works/, October 25. (Accessed 12 July 2019).

153. Willmott, D., 1999. The top 100 web sites. *PC Magazine*, February 9.

154. Krieger, L.M., 2005. Stanford earns $336 million off Google stock. *The Mercury News*, December 1.

155. Hayes, A., 2019. Dotcom bubble definition. Investopedia [online]. https://www.investopedia. com/terms/d/dotcom-bubble.asp, June 25. (Accessed 19 July 2019).

156. Smith, B. and Linden, G., 2017. Two decades of recommender systems at Amazon.com. *IEEE Internet Computing*, 21(3), pp. 12–18.

157. Debter, L., 2019. Amazon surpasses Walmart as the world's largest retailer. Forbes [online]. https://www.forbes.com/sites/laurendebter/2019/05/15/worlds-largest-retailers-2019-amazon-walmart-alibaba/#20e4cf4d4171. (Accessed 18 July 2019).

158. Anonymous, 2019. Tim Berners-Lee net worth. The Richest [online]. https://www.therichest. com/celebnetworth/celebrity-business/tech-millionaire/tim-berners-lee-net-worth/. (Accessed 22 July 2019).

159. Anonymous, 2016. Internet growth statistics. Internet World Stats [online]. http://www.

internetworldstats.com/emarketing.htm. (Accessed 19 May 2020).

160. Conan Doyle, A., 1890. The sign of four. *Lippincott's Monthly Magazine*. February.

161. Kirkpatrick, D., 2010. *The Facebook Effect*. New York: Simon and Schuster.

162. Grimland, G., 2009. Facebook founder's roommate recounts creation of Internet giant. Haaretz [online]. https://www.haaretz.com/1.5050614. (Accessed 23 July 2019).

163. Kaplan, K.A., 2003. Facemash creator survives ad board. *The Harvard Crimson*, November.

164. Investors Archive, 2017. Billionaire Mark Zuckerberg: Creating Facebook and startup advice. YouTube [online]. https://youtu.be/SSly3yJ8mKU.

165. Widman, J., 2011. Presenting EdgeRank: A guide to Facebook's Newsfeed algorithm. http://edgerank.net. (Accessed 19 May 2020).

166. Anonymous 2016. Number of monthly active facebook users worldwide. Statista [online] https://www.statista.com/statistics/264810/number-of-monthly-active-facebook-users-worldwide/. (Accessed 20 May 2020).

167. Keating, G., 2012. *Netflixed*. London: Penguin.

168. Netflix, 2016. Netflix prize. http://www.netflixprize.com/. (Accessed 19 May 2020).

169. Van Buskirk, E., 2009. How the Netflix prize was won. *Wired*, September 22.

170. Thompson, C., 2008. If you liked this, you're sure to love that. *The New York Times*. November 21.

171. Piotte, M. and Chabbert, M., 2009. The pragmatic theory solution to the Netflix grand prize. Technical report, Netflix.

172. Koren, Y., 2009. The Bellkor solution to the Netflix grand prize. *Netflix Prize Documentation*, 81:1–10.

173. Johnston, C., 2012. Netflix never used its $1 million algorithm due to engineering costs. *Wired*, April 16.

174. Gomez-Uribe, C.A. and Hunt, N., 2015. The Netflix recommender system: Algorithms, business value, and innovation. *ACM Transactions on Management Information Systems*, 6(4), pp. 13:1–19.

175. Ginsberg, J., Mohebbi, M.H., Patel, R.S., Brammer, L., Smolinkski, M.S., and Brilliant, L., 2009. Detecting influenza epidemics using search engine query data. *Nature*, 457(7232), pp. 1012–14.

176. Cook, S., Conrad, C., Fowlkes, A.L., Mohebbi, M.H., 2011. Assessing Google flu trends performance in the United States during the 2009 influenza virus A (H1N1) pandemic. *PLOS ONE*, 6(8), e23610.

177. Butler, D., 2013. When Google got flu wrong. *Nature*, 494(7436), pp. 155.

178. Lazer, D., Kennedy, R., King, G., Vespignani, A., 2014. The parable of Google Flu: Traps in big data analysis. *Science*, 343(6176), pp. 1203–5.

179. Lazer, D. and Kennedy, R., 2015. What we can learn from the epic failure of Google flu trends. *Wired*, October 1.

180. Zimmer, B., 2011. Is it time to welcome our new computer overlords? *The Atlantic*, February 17.

181. Markoff, J., 2011. Computer wins on jeopardy: Trivial, it's not. *New York Times*, February 16.

182. Gondek, D.C., Lally, A., Kalyanpur, A., Murdock, J.W., Duboue, P.A., Zhang, L., Pan, Y., Qui, Z.M., and Welty, C., 2012. A framework for merging and ranking of answers in DeepQA. *IBM Journal of Research and Development*, 56(3.4), pp. 14:1–12.

183. Best, J., 2013. IBM Watson: The inside story of how the Jeopardy-winning supercomputer was born, and what it wants to do next. TechRepublic [online]. http://www.techrepublic.com/article/ibm-watson-the-inside-story-of-how-the-jeopardy-winning-supercomputer-was-born-and-what-it-wants-to-do-next/. (Accessed 15 February 2019).

184. Ferrucci, D.A., 2012. Introduction to this is Watson. *IBM Journal of Research and Development*, 56(3.4), pp. 1:1–15.

185. IBM Research, 2013. Watson and the Jeopardy! Challenge. YouTube [online]. https://www.youtube.com/watch?v=P18EdAKuC1U. (Accessed 15 September 2019).

186. Lieberman, H., 2011. Watson on Jeopardy, part 3. MIT Technology Review [online]. https://www.technologyreview.com/s/422763/watson-on-jeopardy-part-3/. (Accessed 15 September 2019).

187. Gustin, S., 2011. Behind IBM's plan to beat humans at their own game. *Wired*, February 14.

188. Lally, A., Prager, M., McCord, M.C., Boguraev, B.K., Patwardhan, S., Fan, J., Fodor, P., and Carroll J.C., 2012. Question analysis: How Watson reads a clue. *IBM Journal of Research and Development*, 56(3.4), pp. 2:1–14.

189. Fan, J., Kalyanpur, A., Condek, D.C., and Ferrucci, D.A., 2012. Automatic knowledge extraction from documents. *IBM Journal of Research and Development*, 56(3.4), pp. 5:1–10.

190. Kolodner, J.L., 1978. Memory organization for natural language data-base inquiry. Technical report, Yale University.

191. Kolodner, J.L., 1983. Maintaining organization in a dynamic long-term memory. *Cognitive Science*, 7(4), pp. 243–80.

192. Kolodner, J.L., 1983. Reconstructive memory: A computer model. *Cognitive Science*, 7(4), pp. 281–328.

193. Lohr, S., 2016. The promise of artificial intelligence unfolds in small steps. *The New York Times*, February 29. (Accessed 19 May 2020).

194. James, W., 1890. *The Principles of Psychology*. NY: Holt.

195. Hebb, D.O., 1949. *The Organization of Behavior*. NY: Wiley.

196. McCulloch, W.S. and Pitts, W., 1943. A logical calculus of the ideas immanent in nervous activity. *The Bulletin of Mathematical Biophysics*, 5(4), pp. 115–33.

197. Gefter, A., 2015. The man who tried to redeem the world with logic. *Nautilus*, February 21.

198. Whitehead, A.N. and Russell, B., 1910–1913. *Principia Mathematica*. Cambridge: Cambridge University Press.

199. Anderson, J.A. and Rosenfeld, E., 2000. *Talking Nets*. Cambridge, MA: The MIT Press.

200. Conway, F. and Siegelman, J., 2006. *Dark Hero of the Information Age: In Search of Norbert Wiener The Father of Cybernetics*. New York: Basic Books.

201. Thompson, C., 2005. Dark hero of the information age: The original computer geek. *The New York Times*, March 20.

202. Farley, B.W.A.C. and Clark, W., 1954. Simulation of self-organizing systems by digital computer. *Transactions of the IRE Professional Group on Information Theory*, 4(4), pp. 76–84.

203. Rosenblatt, F., 1958. The Perceptron: A probabilistic model for information storage and organization in the brain. *Psychological Review*, 65(6), pp. 386.

204. Rosenblatt, F., 1961. Principles of neurodynamics. perceptrons and the theory of brain mechanisms. Technical report, DTIC Document.

205. Anonymous, 1958. New Navy device learns by doing. *The New York Times*, July 8.

206. Minsky, M. and Papert, S., 1969. *Perceptrons*. Cambridge, MA: The MIT Press.

207. Minksy, M., 1952. A neural-analogue calculator based upon a probability model of reinforcement. Technical report, Harvard University Psychological Laboratories, Cambridge, Massachusetts.

208. Block, H.D., 1970. A review of Perceptrons: An introduction to computational geometry. *Information and Control*, 17(5), pp. 501–22.

209. Anonymous, 1971. Dr. Frank Rosenblatt dies at 43; taught neurobiology at Cornell. *The New York Times*, July 13.

210. Olazaran, M., 1996. A sociological study of the official history of the Perceptrons controversy. *Social Studies of Science*, 26(3), pp. 611–59.

211. Werbos, P.J., 1990. Backpropagation through time: What it does and how to do it. *Proceedings of the IEEE*, 78(10), pp. 1550–60.

212. Werbos, P.J., 1974. *Beyond regression: New tools for prediction and analysis in the behavioral sciences*. PhD. Harvard University.

213. Werbos, P.J., 1994. *The Roots of Backpropagation*, volume 1. Oxford: John Wiley & Sons.

214. Werbos, P.J., 2006. Backwards differentiation in AD and neural nets: Past links and new opportunities. In: H.M. Bücker, G. Corliss, P. Hovland, U. Naumann, and B. Norris, eds., *Automatic differentiation: Applications, theory, and implementations*. Berlin: Springer. pp. 15–34.

215. Parker, D.B., 1985. Learning-logic: Casting the cortex of the human brain in silicon. Technical Report TR-47, MIT, Cambridge, MA.

216. Lecun, Y., 1985. Une procédure d'apprentissage pour réseau a seuil asymmetrique (A learning scheme for asymmetric threshold networks). In: *Proceedings of Cognitiva* 85. Paris, France. 4–7 June, 1985. pp. 599–604.

217. Rumelhart, D.E., Hinton, G.E., and Williams, R.J., 1986. Learning representations by back-propagating errors. *Nature*, 323, pp. 533–36.

218. Hornik, K., Stinchcombe, M., and White, H., 1989. Multilayer feedforward networks are universal approximators. *Neural Networks*, 2(5), pp. 359–66.

219. Ng., A., 2018. Heroes of Deep Learning: Andrew Ng interviews Yann LeCun. YouTube

[online]. https://www.youtube.com/watch?v= Svb1c6AkRzE. (Accessed 14 August 2019).

220. LeCun, Y., Boser, B., Denker, J.S., Henderson, D., Howard, R.E., Hubbard, W., and Jackel, L.D., 1989. Backpropagation applied to handwritten zip code recognition. *Neural Computation*, 1(4), pp. 541–51.

221. Thorpe, S., Fize, D., and Marlot, C., 1996. Speed of processing in the human visual system. *Nature*, 381(6582), pp. 520–2.

222. Gray, J., 2017. U of T Professor Geoffrey Hinton hailed as guru of new computing era. *The Globe and Mail*, April 7.

223. Allen, K., 2015. How a Toronto professor's research revolutionized artificial intelligence. *The Star*. April 17.

224. Hinton, G.E., Osindero, S., and Teh, Y.W., 2006. A fast learning algorithm for deep belief nets. *Neural Computation*, 18(7), pp. 1527–54.

225. Ciresan, D.C., Meier,U., Gambardella, L.M., and Schmidhuber, J., 2010. Deep big simple neural nets excel on handwritten digit recognition. *arXiv preprint arXiv:1003.0358*.

226. Jaitly, N., Nguyen, P., Senior, A.W., and Vanhoucke, V., 2012. Application of pretrained deep neural networks to large vocabulary speech recognition. In: *Proceedings of the 13th Annual Conference of the International Speech Communication Association (Interspeech)*. Portland, Oregon, 9–13 September 2012. pp. 257–81.

227. Hinton, G., et al., 2012. Deep neural networks for acoustic modeling in speech recognition: The shared views of four research groups. *IEEE Signal Processing Magazine*, 29(6), pp. 82–97.

228. Krizhevsky, A., Sutskever, Il, and Hinton, G.E., 2012. ImageNet classification with deep convolutional neural networks. In: C. Burges, ed., *Proceedings of the 27th Annual Conference on Neural Information Processing Systems 2013*. 5–10 December 2013, Lake Tahoe, NV. Red Hook, NY Curran. pp. 1097–1105.

229. Bengio, Y., Ducharme, R., Vincent, P., and Jauvin, C., 2003. A neural probabilistic language model. *Journal of Machine Learning Research*, 3, pp. 1137–55.

230. Sutskever, I., Vinyals, O., and Le, Q.V., 2014. Sequence to sequence learning with neural networks. In: Z. Ghahramani, M. Welling, C. Cortes, N.D. Lawrence, and K.Q. Weinberger, eds., *Proceedings of the 28th Annual Conference on Neural Information Processing Systems 2014*. 8–13 December 2014 , Montreal, Canada. Red Hook, NY Curran. pp. 3104–12.

231. Cho, K., Van Merriënboer, B., Bahdanau, and Bengio, Y., 2014. On the properties of neural machine translation: Encoder-decoder approaches. *arXiv preprint arXiv:1409.1259*.

232. Bahdanau, D., Cho, K, and Bengio, Y., 2014. Neural machine translation by jointly learning to align and translate. *arXiv preprint arXiv: 1409.0473*.

233. Wu, Y, et al., 2016. Google's neural machine translation system: Bridging the gap between human and machine translation. *arXiv preprint arXiv:1609.08144*.

234. Lewis-Kraus, G., 2016. The great A.I. awakening. *The New York Times*, December 20.

235. LeCun, Y, Bengio, Y., and Hinton, G., 2015. Deep learning. *Nature*. 521(7553), pp. 436–44.

236. Vincent, J., 2019. Turing Award 2018: Nobel prize of computing given to 'godfathers of AI'. The Verge [online]. https://www.theverge.com/2019/3/27/18280665/ai-godfathers-turing-award-2018-yoshua-bengio-geoffrey-hinton-yann-lecun. (Accessed 19 May 2020).

237. Foster, R.W., 2009. The classic of Go. http://idp.bl.uk/. (Accessed 20 May 2020).

238. Moyer, C., 2016. How Google's AlphaGo beat a Go world champion. *The Atlantic*, March.

239. Morris, D.Z., 2016. Google's Go computer beats top-ranked human. *Fortune*, March 12.

240. AlphaGo, 2017 [film]. Directed by Greg Kohs. USA: Reel as Dirt.

241. Wood, G., 2016. In two moves, AlphaGo and Lee Sedol redefined the future. *Wired*, March 16.

242. Metz, C., 2016. The sadness and beauty of watching Google's AI play Go. *Wired*, March 11.

243. Edwards, J., 2016. See the exact moment the world champion of Go realises DeepMind is vastly superior. Business Insider [online]. https://www.businessinsider.com/video-lee-se-dol-reaction-to-move-37-and-w102-vs-alphago-2016-3?r=US&IR=T. (Accessed 19 May 2020).

244. Silver, D., et al., 2016. Mastering the game of Go with deep neural networks and tree search. *Nature*, 529(7587), pp. 484–9.

245. Hern, A., 2016. AlphaGo: Its creator on the computer that learns by thinking. *The Guardian*, March 15.

246. Burton-Hill, C., 2016. The superhero of artificial intelligence: can this genius keep it in check? *The Guardian*, February 16.

247. Fahey, R., 2005. Elixir Studios to close following cancellation of key project. gamesindustry. biz [online]. https://www.gamesindustry.biz/articles/elixir-studios-to-close-following-cancellation-of-key-project. (Accessed 19 May 2020).

248. Mnih, V., et al., 2015. Human-level control through deep reinforcement learning. *Nature*, 518(7540), p. 529.

249. Silver, D., et al., 2017. Mastering the game of Go without human knowledge. *Nature*, 550(7676), pp. 354–9.

250. Silver, D., et al., 2018. A general reinforcement learning algorithm that masters Chess, Shogi, and Go through self-play. *Science*, 362(6419), pp. 1140–4.

251. Lovelace, B., 2018. Buffett says cryptocurrencies will almost certainly end badly. CNBC [online]. https://www.cnbc.com/2018/01/10/buffett-says-cyrptocurrencies-will-almost-certainly-end-badly.html. (Accessed 19 May 2020).

252. Anonymous, n.d. Market capitalization. blockchain.com [online]. https://www.blockchain. com/charts/market-cap. (Accessed 19 May 2020).

253. Hughes, E., 1993. A Cypherpunk's manifesto – Activism. https://www.activism.net/cypherpunk/manifesto.html. (Accessed 19 May 2020).

254. Assange, J., Appelbaum, J., Maguhn, A.M., and Zimmermann, J., 2016. *Cypherpunks: Freedom and the Future of the Internet*. London: OR books.

255. Driscoll, S., 2013. How Bitcoin works under the hood. Imponderable Things [online]. http://www.imponderablethings.com/2013/07/how-bitcoin-works-under-hood.html#more.

(Accessed 19 May 2020).

256. Nakamoto, S., 2008. Bitcoin: A peer-to-peer electronic cash system. Working Paper.

257. Webster, I., 2020. Bitcoin historical prices. in2013dollars.com [online]. http://www.in2013dollars.com/bitcoin-price. (Accessed 22 June 2020).

258. Anonymous, n.d. Bitcoin all time high – how much was 1 bitcoin worth at its peak? 99BitCoins [online]. https://99bitcoins.com/bitcoin/historical-price/all-time-high/#charts. (Accessed 19 May 2020).

259. Anonymous, 2019. Bitcoin energy consumption index. https://digiconomist.net/bitcoin-energy-consumption. (Accessed 19 May 2020).

260. L.S., 2015. Who is Satoshi Nakamoto? *The Economist*, November 2.

261. Greenberg, A., 2016. How to prove you're Bitcoin creator Satoshi Nakamoto. *Wired*, April 11.

262. Feynman R.P., 1982. Simulating physics with computers. *International Journal of Theoretical Physics*, 21(6), pp. 467–88.

263. Shor, P.W., 1982. Polynomial-time algorithms for prime factorization and discrete logarithms on a quantum computer. *SIAM Review*, 41(2), pp. 303–32.

264. Anonymous, n.d. Quantum – Google AI. https://ai.google/research/teams/applied-science/quantum-ai/. (Accessed 19 May 2020).

265. Dyakonov, M., 2018. The case against quantum computing. *IEEE Spectrum*, November 15.

266. Arute, F., et al., 2019. Quantum supremacy using a programmable superconducting processor. *Nature*, 574(7779):505–10.

267. Savage, N., 2019. Hands-on with Google's quantum computer. *Scientific American*, October 24. (Accessed 19 May 2020).

268. Anonymous, Machine translation and automated analysis of cuneiform languages (MTAAC Project). https://cdli-gh.github.io/mtaac/. (Accessed 22 June 2020).

269. Nemiroff, R. and Bonnell J., 1994. The square root of two to 10 million digits. https://apod.nasa.gov/htmltest/gifcity/sqrt2.10mil. (Accessed 19 May 2020).

270. Keough, B., 1997. Guide to the John Clifford Shaw Papers. http://sova.si.edu/record/NMAH.AC.0580. (Accessed 19 May 2020).

271. Christofides, N., 1976. Worst-case analysis of a new heuristic for the travelling salesman problem. Technical report, DTIC Document.

272. Sebo, A. and Vygen, J. 2012. Shorter tours by nicer ears. *arXiv preprint arXiv:1201.1870.*

273. Mullin, F.J. and Stalnaker, J.M., 1951. The matching plan for internship appointment. *Academic Medicine*, 26(5), pp. 341–5.

274. Anonymous, 2016. Lloyd Shapley, a Nobel laureate in economics, has died. *The Economist*, March 13.

275. Merkle, R.C., 1978. Secure communications over insecure channels. *Communications of the ACM*, 21(4), pp. 294–99.